科技中介能力提升路径与发展策略研究

高　洁　卢立明　著

吉林出版集团股份有限公司

图书在版编目（CIP）数据

科技中介能力提升路径与发展策略研究／高洁，卢立明著. −− 长春：吉林出版集团股份有限公司，2022.5

ISBN 978 − 7 − 5731 − 1492 − 1

Ⅰ. ①科… Ⅱ. ①高… ②卢… Ⅲ. ①科学技术 – 中介组织 – 研究 – 中国 Ⅳ. ①G322.2

中国版本图书馆 CIP 数据核字（2022）第 070121 号

KEJI ZHONGJIE NENGLI TISHENG LUJING YU FAZHAN CELÜE YANJIU

科技中介能力提升路径与发展策略研究

编　　著：高　洁　卢立明

出版策划：齐　郁

责任编辑：杨　蕊

装帧设计：万典文化

出　　版：吉林出版集团股份有限公司

　　　　　（长春市福祉大路 5788 号，邮政编码：130118）

发　　行：吉林出版集团译文图书经营有限公司

　　　　　（http://shop34896900.taobao.com）

电　　话：总编办 0431 − 81629909

　　　　　营销部 0431 − 81629880/81629881

印　　刷：长春市昌信电脑图文制作有限公司

开　　本：787 mm × 1092 mm 1/16

印　　张：12

字　　数：200 千字

版　　次：2022 年 5 月第 1 版

印　　次：2022 年 9 月第 1 次印刷

书　　号：ISBN 978 − 7 − 5731 − 1492 − 1

定　　价：70.00 元

印装错误请与承印厂联系 电话：0431 − 85649249

前 言

科技中介机构通常是指从事技术扩散、科技成果转化、科技评估、创新资源配置、创新决策与管理咨询等专业化中介服务的组织。在以技术创新和技术进步为主要驱动力的市场经济中，科技中介机构是各种创新主体的黏合剂和创新活动的催化剂。科技中介机构通过沟通大学、研究机构和企业间的技术联系，促进创新体系内各参与主体间的互动。大力促进科技中介机构的发展，有助于科技创新资源的优化配置，降低创新及其扩散的成本，化解创新风险，加速科技成果产业化进程，为企业技术创新营造良好的市场环境，从而促进国民经济的发展，提高一个国家的国际竞争力。在经济发达国家，科技中介的发展已有上百年历史，不仅积累了丰富的经验，而且形成了体系完整的专业化科技中介服务市场，建立健全了高水平的职业化行业标准。一些大型科技中介机构发展成了全球性公司，其业务范围渗透到了多个国家的不同行业领域。

科技中介在中国的发展起步晚，与经济发达国家相比具有较大的差距。近些年，中国政府在推进科技进步和自主创新的过程中做了大量工作，科技中介市场体系也逐渐形成和发展起来。同时，随着中国经济对外开放程度的不断提高，国外高水平的大型科技中介机构陆续进入中国市场，对国内科技中介机构的发展既起到了示范作用，也带来了挑战。

本书立足于我国科技中介发展现状，对我国科技中介服务内容及存在的问题进行了分析，并提出了一些有效的发展策略，以供参考。科技中介是我国科技创新服务体系的重要组成部分，在我国科技发展中占有非常重要的地位。为了能够促进我国科技创新水平的提升，将新技术顺利转化成能为国家带来市场效益的科技产品，从而通过科技的创新带动我国经济的发展，我国应加强对科技中介服务体系的研究，通过建设完善的科技创新服务体系推动我国科技成果产业化的实现。

目　录

第一章　科技中介概述

第一节　科技中介的含义

随着中国社会结构与经济体制的变迁，科技中介的重要性日渐突显。

一、科技中介的产生

在市场经济发展和完善的过程中，买卖双方由于各自利益的对立和信息的不对称性，往往使交易难以完成；为了能够促进交易的顺利进行，并且提高成交率，减少交易费用，于是出现了交易的第三方，即市场中介。市场中介组织是指在市场经济条件下，在经济流通和合作过程中，为了能够协调交易双方的关系，保护公平竞争，提高效益，沟通信息，而存在并发展的市场第三方，它的出现标志着社会大生产过程的分工协作发展到了较为成熟的水平。

在人类社会发展过程中，由于国家政府的出现，导致了以政府为代表的来自社会的公共权力日益与社会分离，引起了政府与社会的矛盾。为了解决或缓和政府与社会各利益主体的矛盾，便于政府对社会的有效管理，在政府（管理主体）与社会（管理客体）各利益主体之间设置一种"中介"机制，使其能够较好地协调社会运行中的各类关系，这样就出现了社会中介。可见，社会中介组织是指在社会、经济发展过程中起沟通政府与企业、个人以及社会与经济主体之间的信息，平衡社会利益冲突，协调各方行为作用的社会第三方。历史经验表明，社会中介组织能够更好地适应以利益多元化为前提的市场经济体制的发展和运转的需要。

20世纪中叶以后，由于科学技术的突飞猛进，科学技术对于经济发展的作用越来越大，对社会发展的影响也越来越深远。尤其是科技产业的兴起，科学技术与经济的联系超过了历史上的任何时期，使得科学技术作为生产要素进入市场，成为推动社会进步和发展的关键环节，引起了各国政府的高度重视。因此，在市场交易中，出现了以技术为商品，以推动技术流通、技术转移、转化和开发为目的的中介机构，这就是科技中介。因此，科技中介机构是在新的历史背景下，市场中介组织与社会中介组织的交叉和延伸。它比一般的中介组织更具知识性和智力性，是在科技与经济发展到一定阶段，即科学技术成为第一生产要素时，在政府与科技、科技与经济、科技与社会之间，在不同利益主体之间发挥居间、纽带、桥梁、传递者的作用，使社会、经济资源在发展科技产业方面得到优化配置，更好地服务于科技产业，直接为科技企业的创业、发展提供智力和知识服务的中介组织。

二、中介组织的界定

什么叫"中介"？在《牛津现代高级英汉辞典》（*Oxford Modern Advanced English-Chinese Dictionary* 斜体）中有两种解释：一是居间的人或物；二是媒介、方法等。在英文中，"中介"一词对应于"intermediary"，解释为中间人、调解人，也有解释为中间层；或"medium"，即媒介、方法等。各国对中介组织提供的服务范围划分没有统一的标准。在哲学上，中介（resonance）是一个表示事物相互联系的概念。黑格尔曾用"中介"一词表示不同范畴的间接联系和对立范畴之间的一种相互联系。马克思主义哲学认为，中介是客观事物转化和发展的中间环节，指出"一切差异都在中间阶段融合，一切对立都经过中间环节而互相过渡"。在客观事物中，无论是自然界或是人类社会，都不是孤立的，而是相联系的，中介现象是普遍存在的。因此，中介组织的本质就在于它是事物相互作用的连接纽带和传递者。

目前，国内对中介服务、中介机构或组织等也没有明确、统一的界定。综合各种文献资料，有关中介及中介机构的界定有三种不同观点：第一种观点认为中介是从生产到消费过程中的中间环节。第二种观点认为中介是从生产到市场过程中的中间环节。第三种观点认为中介是市场活动的介体，它在市场主体（企业、居民和政府）之间进行中介活动。上述三个概念界定的中介机构都很广泛。国内研究大都以此为基础定义市场中介和社会中介，其中普遍采用的是最后一种观点。这种观点将市场中介服务定义为在市场与经济主体之间，为保证其合法权益、降低其交易费用所需要的沟通、协调、监督等服务活动。

市场主体由企业、居民和政府组成，因而市场中介组织就是介于政府、企业、居民三者之间的，为提高市场运行效率而从事沟通、协调、公证、评价、监督、咨询等服务活动的个人或机构。如果市场中介由个人充当，就是中介人；如果由个人组成的机构从事中介工作，就是市场中介组织。现代市场中介组织主要指以专家为主的专业机构，利用拥有的知识、技术、信息和经验，运用科学的方法和先进的手段进行调查、分析和预测，客观地为市场主体提供服务的社会组织。

市场中介组织是从事服务性劳动的社会组织，它不是生产经营实体，不生产和经营商品，只向社会提供服务，而且是以专业技术为基础的高层次服务。市场中介组织的服务可以节约社会劳动，提高企业和社会的整体效益，沟通并促进市场经济的正常运行。因此，市场中介组织属于第三产业，为第一产业、第二产业、第三产业和消费者同时服务。就其性质而言，市场中介组织不是政府机构和生产经营实体，大部分市场中介组织是提供服务获取盈利的服务性组织，在国家法律和政策规定的范围内，进行独立经营、自负盈亏、自我发展、自担风险，是具有独立经济利益的经济实体。也有一部分市场中介组织属于事业单位或社会团体法人，向社会提供的服务是有偿的，但其不是营利性实体，遵照自收自支的原则，向服务对象收取一定的服务费，意在弥补服务性活动中的实际支出，维持机构的活动。还有一部分市场中介机构是具有官方或半官方性质的准行政单位，由政府出资创办，按行政单位的标准给予人事编制，拨业务经费，受政府委托承担一定的社会管理职能；其向社会提供的服务是无偿的，原则上不向服务对象收费，或者只收取少量管理费或工本费，绝不能追求盈利。还有一类非常重要又很特殊的行业自律管理的市场中介组织，即由企业、事业和中介机构及自然人自愿参加而组织起来的行业管理组织，如行会、商会、协会等，也属于非营利性的社会团体法人，具有与其他社会主体沟通的功能，发挥着行业自律性管理作用。

关于社会中介的定义也较多，归纳起来大致有以下几种主要的观点：第一种观点认为社会中介组织是介于政府与企业、商品生产者与经营者、个人与企业之间的机构或组织。此种观点认为社会中介组织在政府与社会之间发挥传递功能，在市场主体之间发挥服务纽带作用。第二种观点认为社会中介组织是能够发挥中介作用的社会组织。这个概念比前者更广泛，只要按照一定法律制度、遵循一定原则，在社会经济活动中发挥服务、沟通、公证和监督等功能，实施具体服务行为的社会组织均可称为社会中介组织。第三种观点认为社会中介组织是介于政府与市场之间，致力于增进社会福利和社会改善，但不以自身盈利为目的的团体行动者。

上述关于中介组织、市场中介与社会中介的定义和性质强调了中介组织的中介性与功能，忽视了中介组织作为媒介交易的中间层产生和发展的根本原因。此外，上述定义还混淆了中介组织的一些基本内涵。第一，将中介服务与中介两个概念混淆使用，根据提供中介服务的主体将中介划分为中介人与后继发展起来的中介机构。第二，现有某些文献将中介组织与市场中介组织等同，混淆市场中介组织与社会中介组织。第三，罗列中介组织提供的服务种类及其功能，并以此定义中介组织，例如强调介于政府、居民和企业间从事沟通、协调、公证、评价、监督、咨询等服务活动的个人或机构就是中介组织，忽视了中介组织的本质。中介组织提供的中介服务与其功能是两个不同概念，使用不同标准定义中介组织显然不妥。总之，现有文献对中介服务及其界定没有从根本上说明中介组织的产生与发展的根本原因，忽视了从经济本质上寻找企业利用中介组织从事经营活动的原因与动力。本章试图用新制度经济学的分析框架界定中介组织及其提供的服务，并根据中介组织产生与发展的动因分析中介组织的性质。

三、科技中介的含义

目前，中国对科技中介的定义比较模糊，较权威的解释有如下几种：

第一种：中国政府颁发的《中共中央、国务院关于加强技术创新，发展高科技，实现产业化的决定》指出：科技中介服务机构是中国改革开放、发展社会主义市场经济以后出现的新生事物；并指出科技中介服务机构属非政府机构，是科技与应用、生产与消费不可缺少的服务纽带。

第二种：2002年12月科技中介工作会议上对科技中介机构的描述：科技中介机构是面向社会开展技术扩散、成果转化、科技评估、创新资源配置、创新决策与管理咨询等专业化服务的组织。

第三种：中华人民共和国科学技术部在官方网站上对科技中介的描述：科技中介服务机构是指为科技创新主体提供社会化、专业化服务以支撑和促进创新活动的机构。这类机构主要开展与科技创新直接相关的信息交流、决策咨询、资源配置、技术服务、科技鉴证等业务。

第一种解释对科技中介的定义较为模糊，仅仅强调了它的非政府性和纽带性，没有指出它的其他方面的性质，不能构成对科技中介的定义。第二种和第三种解释都是从功能角度定义科技中介，基本含义一致，但是没有从经济学角度做深入分析，存在下下缺陷：

第一，没有分析创新主体的创新活动具体是怎样一个过程。

第二，只是对科技中介功能做简单罗列，没有分析科技中介功能的逻辑主线。

第三，没有指出科技中介区别于其他中介的特性。

从这三方面着手，我们认为，从技术创新和创新扩散角度定义，可以弥补上面的三个缺陷，从本质上反映科技中介的性质和功能。

约瑟夫·熊彼特（Joseph Alois Schumpeter）在他的著作《经济发展理论》中提出了创新理论。现在人们已经广泛接受并且发展了他的创新理论。根据熊彼特的观点，创新就是建立一种新的生产函数，即实现生产要素和生产条件的一种从未有过的新组合，并将其引入到生产体系中去。只有引入到生产体系中的发明和发现，并对原有生产体系产生震荡效应才是创新。熊彼特将创新具体分为五种形式：一是引进一种新产品，二是引进一种新技术，三是开辟一个新市场，四是获得一种原材料的新来源，五是采用一种新的企业组织形式。在创新概念的基础上，衍生出技术创新和创新扩散的概念。

佛里曼（C. Freeman）认为，技术创新是新产品、新系统和新服务在商业上的首次应用。技术创新是一系列经济过程，包括技术自身创新（从发明到生产技术的转化）过程和管理创新过程（形成一个新的供、产、销过程），以及两者之间的衔接转换。因此，普遍认为科学技术向现实生产力转化的根本途径是技术创新。

技术创新扩散（简称为创新扩散）是指技术成果在最初的商业化之后的继续推广和利用，是通过一定的传输渠道在更大的范围内再实现的过程，是同类、同样或更高级的技术创新再实现的过程。技术创新扩散包括新技术在其潜在采用者之间传播、推广，以及在采用的企业间扩散；也包括在已采用的企业内部继续扩大新技术的应用范围、提高其影响权重的所谓内部扩散。

"技术创新"和"创新扩散"的区别是起点不同，前者是新技术由"非利用态"到"利用态"的质的飞跃，开始于技术发明或技术成果的出现之时；后者是新技术利用的量的积累，开始于技术成果的首次商业化应用之时。通俗来讲，创新扩散是技术成果首次商业化后的大规模产业化过程。

由此可见，研究科技中介时所讲的科技成果产生及产业化过程实质就是技术创新过程与创新扩散过程的结合。这样，人们就能运用技术创新和创新扩散的思想研究科技中介。从技术创新和创新扩散的角度来看，科技中介的所有服务都是针对技术创新和创新扩散的一系列过程开展的。科技中介存在的意义也就是使技术创新和创新扩散过程更迅速、更平滑，从而起到推动经济增长的作用。

下面分别介绍技术创新和创新扩散与科技中介的关系。技术创新又分为技术自身创新、管理创新和技术转移三个阶段。而创新扩散则是第一次技术创新之外的再实现，其基本形式是技术引进和技术模仿。

技术创新的第一个阶段就是要完成技术自身的创新，包括技术本身的不断完善化，以及该项技术同相关的一系列技术的组合，实现技术的体系化。不论技术的完善化，还是技术的体系化，往往都是围绕产品、工艺、设备或原材料等的创新而展开的，可以概括为三个层次：一是产品创新，二是工艺创新，三是技术支撑体系创新。

科技中介发挥作用的第一个方面就是支撑和促进创新主体的技术自身的创新，支撑和促进的方式是直接、间接提供创新要素，或者有利于创新要素供给。这里认为技术自身的创新活动本身也是一种生产活动，因此也需要要素投入，其创新要素包括：有创新思想和能力的人、科研活动的基础设施和风险资本。例如，企业孵化器就是通过提供优惠场地、减免税务等条件为创新主体服务的，人才市场提供的服务架起了创新主体和所需创新人才之间的桥梁。

管理创新是技术创新的又一阶段，由一系列活动组成。首先，一般需要对技术成果进行分析和评价；然后，寻找融资，建立新的组织机构组织生产，开展市场营销活动，协调市场关系；最后，成型的产品和服务到达需求者手中。每一项活动都是一个反复的计划、组织、领导和控制的过程。

科技中介发挥作用的第二个方面就是为管理创新提供诸如可行性分析、组织机构设计、战略设计等专业化服务，服务形式多半体现为咨询和评估。例如，大部分管理咨询机构在这一阶段为企业的管理提供服务，发挥降低管理创新主体的管理成本、提高管理效率的功能。产品销售给消费者这个环节仍需要评估中介机构的参与，因为新产品和新服务很可能是一种体验品，需要权威的中介组织确保其质量符合标准，对人体无害，达到环保要求，等等，从而确保新技术产生真正的经济效益。这类中介机构包括技术监督评估部门、质量监督评估部门、环境监测评估部门等。

在技术创新过程中，由于最初技术创新的主体，如大学、科研院所等，往往不具备管理创新过程所需的各种资源，所以，技术成果的产权结构往往在技术创新和管理创新之间转换时发生变化，这是社会分工发展的必然。技术转移包括技术出售、转让、合作等多种形式。产权变化须通过市场交易完成，有市场交易就会发生交易成本。技术交易和合作的双方首先要进行搜寻，评价对方的信用和能力，直到找到合适的对象；然后要对技术本身的设计、可靠性、市场前景进行分析；接下来要谈判、缔约，监督履行，处理可能发生的违约行为。

科技中介发挥作用的第三个方面就是提高这个交易过程的效率。典型代表是各地的技术交易市场，它的基本职能就是收集大量技术供给和技术需求信息，监督双方签署统一格式的技术合同等。很多监督类型的科技中介也为这一阶段提高效率发挥作用，如律师事务所、会计师事务所等。

当然，有些完成技术创新的主体依靠自身能力直接进入了管理创新活动的环节，这种现象在一些大公司表现得十分明显。这些公司直接在组织内消化技术成果。这种非市场交易并不意味着完全不需要中介，只是对中介的依赖较低。

技术创新扩散是第一次技术创新之外的再实现。技术创新扩散的基本形式是技术引进和技术模仿。实际上是一种技术转移过程，技术引进引入的通常是已能进入市场的成熟技术。从经济观点来看，技术模仿是一个十分有效的手段，因为模仿者不需要像创新者那样花费大量的时间和费用去进行艰苦的研制工作。模仿有简单的模仿，也有创造性的模仿，即创新模仿，日本就是创新模仿的典型。创新扩散过程必须通过一定的途径和渠道实现。一般来说，这种渠道包括大众传播媒介（如广播、电视、报纸、杂志及其他刊印出版物）和人际交流网络，但大多数的技术创新扩散是通过间接方式来实现的。科技中介机构就是一个主要途径，以行业协会为典型代表。行业协会作为科技中介发挥两个基本作用：一是向潜在采用者宣传和推荐某种技术，二是为企业提供有关技术引进、模仿的咨询服务。

综上所述，通过运用技术创新和创新扩散这条逻辑主线，可将科技中介发挥的作用归纳为四个基本环节。如果某中介在以上四个环节中的某个环节发挥了作用，那么它就是科技中介；反之，如果某中介没有在这四个环节中发挥作用，那么它就不是科技中介。在这种新的参照系下，建立一个新的科技中介的定义为：科技中介是支持、促进技术创新和创新扩散，提供专业化、社会化服务的第三方组织。

四、相关概念之间关系的界定

（一）狭义科技中介和广义科技中介

狭义科技中介，分为狭义科技中介机构和狭义科技中介活动。狭义科技中介机构，是指以提供技术创新服务为主业的组织；狭义科技中介活动，是指由狭义科技中介机构进行的为技术创新服务的活动。广义科技中介，是指为技术创新服务起到沟通、联系等"桥梁"作用及提供专业服务的一切组织及其活动，还包括为其他非技术创新目的提供服务的组织及其活动。

（二）科技中介与市场中介

市场中介是一个泛概念，为某种市场经济目的提供服务的组织及其活动都可称为市场中介。一般市场中介在不指明为某种具体的市场经济目标服务时，笼统地称为市场中介；在指明为某一具体市场经济目标服务时，根据服务目标的性质就具体称为某种类型的中介；在为技术创新服务时，可以称为广义上的科技中介。同一市场中介因具体服务目标的不同，可以被归入不同的中介类型。狭义的科技中介在为其他市场经济目标服务时，也可以被称为其他类型的中介。

（三）科技中介与为技术创新提供服务的政府机构及其活动

与其他市场中介一样，科技中介机构（包括由政府出资设立的科技中介机构）应遵循独立、非政府性等原则。政府为技术创新提供的服务，如沟通、联系等活动，属于面向全社会提供的公共服务的一类，可以称为科技中介活动。但不能将这些政府机构称为科技中介机构，也不能将政府制定、颁布保障和促进技术创新的政策法规等活动称为科技中介活动。至于国家设立的科技中介机构，则另当别论。

（四）科技中介与专业服务组织及其活动

从根本上说，科技中介本身就是一种专业服务组织及其专业服务活动。一般为社会提供咨询、鉴定、监督、会计、法律服务、人员培训、决策支持等服务的组织及其活动，在通常情况下，称为专业服务组织及其专业服务活动；在笼统地谈论其为市场经济服务时，称为市场中介；在为技术创新提供服务时，称为科技中介。通常提供专业服务的组织（及其活动）是专业服务组织（及其活动）、市场中介或者是科技中介，要视此专业服务组织所从事的主业，或此专业服务活动是由何种组织进行而定。

（五）科技中介机构与科技中介活动

二者并非完全一致。科技中介机构从事的并非都是科技中介活动，即使是狭义的科技中介机构也并非都从事科技中介活动，从事科技中介活动的中介机构并非都能称为科技中介机构。只有专业服务组织（或一般市场中介组织）在为技术创新服务时，才能称为广义上的科技中介机构，其服务活动才能称为广义上的科技中介活动。政府机构可能从事某些科技中介活动，但一般不能称为科技中介机构。

（六）科技中介与技术创新主体

企业、政府、个人及其他组织是技术创新的主体。科技中介机构为技术创新服务。但部分科技中介机构，主要指直接参与服务于技术创新过程的机构及其活动，如创业服务中心、工程技术研发中心、生产力促进中心等，采取联合开发、参股开发、技术入股等方式服务时，其本身也称为技术创新主体。

第二节　科技中介的特点

一、科技中介是市场中介和社会中介的交叉和延伸

科技中介不同于一般的诸如房地产中介之类的纯市场中介，它是市场中介和社会中介的交叉和延伸：有时较多具有市场中介的一面，甚至完全是一个纯粹的市场中介；有时较多具有社会中介的一面，甚至完全是一个社会中介；但更多的时候是两者的融合。

科技中介作为市场中介是容易理解的。在市场经济条件下，科技成果在产生和产业化过程中，必然要经过市场配置要素，很多科技中介正是为这些市场交易服务的。

科技中介作为社会中介来源于科学技术在当今时代的突出重要性。自 20 世纪

中叶以来，科学技术突飞猛进，对社会的影响越来越深远，与经济的联系更是超过了历史上任何一个时期。高科技产业的兴起和新技术对传统产业的改造，成为促进经济发展的至关重要因素。各国政府为了推动经济发展，协调社会矛盾，都不遗余力地推动科技产业的发展。而恰恰从新的科技成果诞生到产业化的过程，即整个技术创新过程，单纯依靠市场发挥对资源的配置作用还是不够的，对于中国这样的市场不完全的转型国家尤其如此。这时必须要出现与政府关系紧密的第三方组织，协调政府和创新主体的关系，推动技术流通、转移、转化和开发直至大规模产业化。科技中介作为社会中介的一个突出特征是很多科技中介是非营利组织，具有浓厚的政府背景。至于哪些科技中介机构的社会中介性质强一些，哪些科技中介机构的市场中介性质强一些，则需要视具体情况而定。

二、科技中介的第三方特点

无论是市场中介还是社会中介，中介都必须处在第三方位置，这是中介的基本含义。

在科技中介机构中，技术交易市场、产权交易市场是典型的第三方组织。但是，在现实经济中，有很多约定俗成的科技中介机构的第三方地位并不明显。比如各类创业服务中心、管理咨询公司等，它们直接和服务对象达成契约关系、提供专业服务、收取服务费，而不是作为居间人的身份出现的。虽然从市场买卖角度看它们不是直接的居间人，但从技术创新和创新扩散角度看，管这些组织既不是技术成果产生、转移过程中技术成果的供方和需方，也不是依靠新技术生产出产品和服务的供方和需方，而只是在技术创新和创新扩散过程中服务于创新主体的第三方组织。因此，类似于管理咨询公司这种直接为创新主体服务的组织仍然是第三方组织，只是这时候要从技术创新和创新扩散全局角度思考。

三、科技中介属于知识密集型服务业

科技中介的服务以专业知识、专业技能为基础，属于知识密集型服务。理解科技中介是知识密集型服务业时要注意两点：一是科技中介是知识密集型服务业，但不是所有知识密集型中介服务业都是科技中介。一个简单例子是市场除技术经纪组织外还有各种门类的经纪组织，无论哪种行业的经纪人都需要相当高的专业知识水平，但是这些组织不能称为科技中介，因为它们没有支撑和促进技术创新和创新扩散。二是目前中国的科技中介发展水平还不高，致使很多科技中介并不属于真正意义上的知识密集型服务业。比如，中国很多企业孵化器的工作可以简单地概括为物业管理，但它们并不属于知识密集型服务业。这是因为这些科技中介自身没有提供相应的服务，但不能说这些科技中介本身不属于知识密集型服务业。

四、科技中介的不完全性

根据技术创新和创新扩散的识别标准，当诸如律师事务所、行业协会、管理咨询公司等组织参与技术创新和创新扩散过程时，可称它们为科技中介。但是，它们往往还有很多业务和服务完全与技术创新和创新扩散过程无关，这时则不能称它们为科技中介。比如，律师事务所不仅参与技术转移时知识产权保护，还涉及解决民事纠纷和其他经济纠纷；行业协会除了联系政府和企业、推广新技术外，很多时候还负有制止行业不正当竞争行为的职责；人才市场不仅为技术创新提供合适人才，还具有解决社会就业的功能。实际上，人们所说的科技中介机构大多是这一类型，完完全全的所有业务都是为科技成果产生、产业化服务的纯粹科技中介机构很少。目前的文献中很少有人强调这个问题。科技中介的不完全性引发的思考更加强调科技中介的体系性。

五、科技中介的体系性

由于技术创新和创新扩散是一个复杂过程，一类科技中介在科技成果产生和转化过程中的作用非常有限，因此，孤立强调某一类科技中介的作用，研究它的发展意义并不大；应该从全局出发，整体把握科技中介服务的体系性，强调各种科技中介之间的联系。只有各门类科技中介紧密配合，才能加速技术创新和创新扩散的过程。科技中介好比是一个大系统，构成系统的元素是各种具体的中介组织，这是科技中介区别于其他中介的一大特点。正因为科技中介是一个体系，所以科技中介的概念是一个大概念，它不是特指某一个具体行业，而是很多子行业组成的一个集合。这是弄清科技中介内涵时要注意的一点。

一个体系一般是有层次的，科技中介服务的体系性决定科技中介服务也是有层次的。在科技中介服务的体系中，存在中介的中介这种形式，扮演中介集成的角色。比如2002年成立的北京市技术交易促进中心就矢志为众多科技中介搭建一个平台，成为一家中介集成性质的科技中介。

科技中介可以划分为以下几个层次，见表1-1：

表1-1 科技中介的层次性

核心层	生产力促进中心、创业服务中心、技术交易机构、技术经纪人、科技咨询机构、科技评估机构、专利事务所等；其特点是专门为技术创新和扩散服务，以科技中介服务体系业务作为主营业务，在整个科技中介服务体系中居于核心地位，也是科技中介服务体系建设的重点
松散层	主要包括律师事务所、会计师事务所、管理咨询公司、人才代理公司、租赁公司等，为企业的技术创新和创新扩散活动提供服务
衍生层	科技中介的中介，或中介的集成，包括为专利事务所、律师事务所介绍顾客，从中收取一定信息费的技术交易机构
政府	在科技中介服务体系中发挥监督、协调、扶持、规范管理等作用

六、科技中介服务的专业性及其风险

专业服务组织是因为为技术创新提供专业服务活动而成为科技中介机构，其活动也被称为科技中介活动。技术创新具有技术性的特性，这就要求为其服务的科技中介要具备专业性（不同类型和方式的创新）。不同技术的创新（不同的创新主体）和创新过程的不同阶段所需服务的内容不同，要求科技中介提供不同的专业性服务。科技中介可能只提供某一方面的服务，或提供综合服务，但这种综合性是建立在专业性基础之上的。相当一部分科技中介提供的服务业务有一定的风险性，表现为中介提供服务的结果往往具有不确定性，难以准确预测。比如企业孵化器，据统计只有大约10%的在孵企业能经受市场考验而成长起来；管理咨询的不确定性也很大，咨询给出的方案不一定能经受现实的考验；提供风险资本的科技投资中介的风险则更大。当然，也有很多技术中介，比如提供检验、试制的科技中介风险性较低。

第三节　科技中介机构的发展历程

一、中国科技中介机构的发展历程

回顾中国的经济史，在长达两千多年的封建统治中，重农轻商的思想一直占据主导地位。虽然在明清时期出现了资本主义萌芽，但是受到严重遏制，市场机制发展得十分缓慢。真正可以称得上市场经济的时代主要有两个时期：一是 1949 年前的国民党统治时期，另一个是 1992 年邓小平同志南方视察重要讲话后实行的社会主义市场经济时期。

与中国经济发展史相对应，中国的科技中介机构的发展大体可划分为五个阶段：第一阶段是中华人民共和国成立前，具体讲是 1927 年至 1949 年；第二阶段为 1949 年至 1956 年资本主义工商业社会主义改造完成时期；第三阶段为 1956 年至 1978 年的建设社会主义，实行计划经济时期；第四阶段是 1978 年十一届三中全会后的 20 世纪 70 年代末，至 1992 年邓小平同志视察南方讲话的初步改革开放时期；第五阶段为 1992 年以后到现在全面确立建设社会主义市场经济时期。

（一）第一阶段（1927 年—1949 年）

在这段时间，科技中介机构以原始的"牙行""牙人"和私营行栈形式存在由于这段时间战争连年不断，所以科技中介机构的发展还是比较缓慢的。

"牙行""牙人"是旧时乡村集市、中小城镇中为买卖双方提供信息、场地、撮合成交并从中提取佣金的组织或个人，这些组织和个人都是古老的居间性中介组织。在村庄里也有着许多非正式经营性的个体牙人，现在可称之为经纪。这些人具有某些专业经验，专门撮合某类商品的交易，如"牛经纪""驴马经纪"等。牙行、牙人媒介的双方通常是农民、小生产者或商人。对于小商品生产条件下的农民来说，在商业信息交流封闭和商品流通渠道不畅的情况下，为了实现交易，为了降低市场不确定性的负面影响，一般均通过牙人、牙纪来进行。牙行、牙人在传统农村商品流通中具有不可替代的作用。

除了牙行、牙人外，各类私营委托商行、贸易货栈、过载行、商品交易所是当时中介机构中另外一类重要的居间性的商业组织，旧时多设立于农村大、中集镇及城市中。各类行栈、交易所不仅从事提供信息、代客买卖的中介业务，有的也从事自营购销业务。为了配合购销经营，这些商务组织也同时经营仓储、旅店、运输、信贷等业务。这类组织一般以进行大宗的批发交易为主，在媒介商品流通中发挥着比较重要的作用。

（二）第二阶段（1949年—1956年）

中华人民共和国成立之初，中国处于国民经济恢复发展阶段，市场经济仍占重要比例，但这时百废待兴，市场经济是极不规范的。在这段时间，中介机构仍然发挥着重要作用。

作为计划经济时代来临的前奏，我们从"政府机构设置"这一指标，可以看出，这段时间市场经济调整至计划经济的快速步伐。以吉林省为例，1952年省级政府机构设置工作部门27个，还比较精干，大量经济活动由中介机构行使，而非由政府行使。而到1956年，省级政府机构迅速变为39个，市场中介机构存在的基础迅速变小，政府在经济系统中的地位显著提高。在这段时间，牙行、牙人和私营行栈被取缔，或者遭到毁灭性破坏。

中华人民共和国成立初期，旧式的牙行、牙人在各地农村市场上仍广泛存在。牙行在中介经营中不可避免地存在欺诈哄骗、钻营渔利、收取高额佣金、损害交易双方利益的行为，也就是通常所说的商业中间剥削，并因而损害了牙行业的声誉。在中华人民共和国成立前后的市场波动中，牙行的投机行为也起到了推波助澜的作用，这更加重了人们对旧式经营作风以及商业中间剥削的痛恨。因此，在中华人民共和国成立后的商业行业改组与重组中，牙行（特别是城镇牙行）与奢侈性消费行业、私营大批发商一道，成为首当其冲被取代的对象。

1952年4月5日，中央人民政府贸易部发出通知，严格取缔城市行商及个体牙人。这样，在国民经济恢复时期，在商业行业结构性重组中，城镇牙行业就已基本被淘汰，并持续衰落。但在农村集镇上，牙行、牙人仍继续存在了一个时期，在一些地区的集市贸易中还发挥着比较重要的作用。

据1955年1月湖北孝感县白沙镇集市贸易的调查，除了已由国家控制了的粮食交易所外，旧式行（即牙行）是农民交易的主要形式之一。白沙镇在历史上形成了五种行：猪行、牛行、菜行、鱼行、柴行。其中，猪行、牛行的交易额在农民贸易中占了大部分比重。据统计，1954 年，该镇农民全年贸易交易总额为 24.7 万余元（新币，下同），约占整个市场社会零售总额的 29.3%。其中，猪行的成交额为 7.51 万元，占农民贸易交易总额的 30.4%；牛行成交额为 5.86 万元，占农民贸易交易总额的 23.7%。猪、牛两行的成交额约占整个市场社会零售总额的 15.9%，菜行、鱼行、柴行的总交易量也比较大。此外，该镇还有旧家具、旧服装两个委托代销店办理农民的委托业务。1955 年，该镇猪行已经进行了初步改造，成为合作社领导的生猪交易所，其他各行仍在继续经营。在 1956 年下半年恢复农产品自由市场的过程中，一些地区集镇的牙行、牙人曾有恢复，但很快随着 1957 年自由市场的关闭，以及 1958 年人民公社化以后农民贸易的被取消，牙行业最终衰落下去。

中华人民共和国成立初期，特别是在农村市场上，国营及合作社商业还没有占据领导地位，从事物资交流的主要是各类私营行栈。旧时的私营行栈、交易所在经营过程中也同样存在着哄骗委托人，或收取高额手续费，获取高额利益的行为，即人们所痛恨的高利中间剥削。正如 1951 年 3 月中共中央指示中所指出的：“解放前，私人货栈和过载行对农民和商人的剥削都是很重的，但离开了它们就不能进行经常的和大宗的交易。”特别在中华人民共和国成立前期，在新的公营商业网尚未占据主导地位的情况下，恢复和利用私营商业中介组织对于迅速打开滞销商品销路是一个积极措施。

因此，中华人民共和国成立以后，在积极建立公营或公私合营的交易所、货栈的同时，本着“公私兼顾”的原则，对于原有这类组织采取了利用、改造的政策。按照政策规定，对各类私营交易所、行栈，由各地根据具体情况酌情对待，对确实能够便利商品成交、调剂供求的，经批准可以恢复经营，但不得进行操纵、投机活动，并须接受有关部门的领导和政府委托的业务。

在中华人民共和国成立初期的一段时期中，私营的交易所、行栈在促进商品流通，扩大城乡交流中曾发挥了一定的积极作用。如，1950 年，天津市复兴贸易行等多家出口商和货栈到山西采购桃仁或下乡采购瓜子等土产。河北省在扩大远程采购工作中，石家庄市的宏兴茶庄、华中委托商行等商号远赴苏杭采购物资。1954 年春，广州市鼓励并按行业组织私营土产商下乡收购土产，其中鲜果业采购组在梧州、中山县等产地购进柚子、香蕉 1.5 万多千克，咸杂业组在东莞县购进冲菜、片菜等 1 万余千克，国药业组在阳山县采购药材，共成交现货 3500 余元，期货 5 万余元。但是，随着对私营商业改造的深化，城市私营居间组织日益难以维持经营，恢复不久即被公营组织所取代了。

当时，在乡村集镇，私营行栈仍在发挥作用，联结着城乡农产品流通。阎顾行（时任全国供销合作总社副主任）在一篇文章写道："必须对私营行栈和牙纪根据党对农村社会主义改造的方针和具体办法加以改造，使之为农民贸易服务。有些人想硬性地取缔私营行栈和牙纪，这样做是不对的。"但是，随着主要农产品计划购销管理的加强，农村私营行栈的业务也日益萎缩，一些行栈不得不关闭，还有的则被改造为公营或公私合营组织。

1956 年下半年，在开放农产品自由市场、活跃城乡市场的政策下，为了扩大农村小土产、农副产品的交流，再次提倡建立公营和民营的过载行、货栈。1956 年11 月 11 日，陈云在《关于利用、限制和改造资本主义工商业的意见》讲话中提出，要改变过去利用、限制、改造资本主义工商业的那一套办法，要搞过载行、交易所，帮助农民和小商贩之间的交易和贩运。这一时期，一些地方恢复和建立起公私合营或民营的、私人的货栈或农民服务所，开展灵活多样的服务，有的经营还比较活跃。但民营行栈存在的时间并不长。1958 年人民公社化以后，农村各类私营、民营商业组织都被取消了。1961 年以后，直到 1978 年改革开放之前，尽管恢复了农村集市贸易，但民营商业中介组织却未得以恢复。

（三）第三阶段（1956 年—1978 年）

至 1956 年，由于社会主义革命和建设全面开展，计划经济体制逐步形成，政府机构设置趋向产品化、部门化，政府主导国民经济的条件日趋成熟，市场科技中介机构丧失了存在的土壤，市场科技中介机构基本消失。在这个阶段，政府设置了行使中介职能的部门，以为人民服务为目标，是非营利性的。在这一段时间，中国的经济发展史中除了对政府宏观经济管理记载较为详细外，对微观层次上的记载相对较少，关于中介的记载非常少。

（四）第四阶段（1978 年—1992 年）

1978 年后，由于中国的工作重点转移到现代化建设上来，由计划经济逐步向有计划的商品经济、市场经济过渡。企业在竞争中希望获得发展所必需的新产品、新技术信息。一些协调企业利益关系，为企业提供服务的咨询机构、行业协会和律师事务所等相继崛起。这时的中介组织无论发展规模还是发展数量均很小，社会影响也不大。在 1978 年至 1992 年的，虽然中国已经实施了改革开放，实施了农村家庭联产承包责任制，但在本质上仍是计划商品经济，市场经济秩序没有建立，中介机构缺乏运行的基础。

（五）第五阶段（1992 年至今）

1992 年，邓小平同志视察南方的讲话解放了中国长期对计划经济和市场经济的认识，随后党的十四大正式确立了建立社会主义市场经济体制的目标。伴随着所有制成分多元化，转换国有企业经营机制、建立现代企业制度，以及政府监管职能与服务职能逐步分离等各项改革的逐步深入，加上改革开放以来西方市场中介机构的冲击，我国市场中介组织的培育与发展步伐真正加快了，并已初步形成具有多种机构类别、多种组织形式和多种服务方式的中介组织体系。如各类信息、咨询、资产和资信评估机构，价格商标事务所，广告事务所，会计师事务所，审计师事务所，律师事务所，公证仲裁机构，计量、质量检验认证机构，人才交流中心，证券、期货交易所，行业协会，部分受政府委托承担具体行政行为的执法、监督、管理所（站）等，其业务涉及了生产、流通、消费、社会保障等众多部门。当前，中国的各种中介机构都获得了前所未有的发展，目前中国科技中介机构的发展水平是中国经济史上的最高水平。

二、国外科技中介机构的发展历程

国外科技中介机构的发展已有了较长的历史，如美、英科技咨询业可以追溯到产业分工时期。但是，科技中介机构真正获得规范化、规模化发展，受到政府充分重视，或者说已基本上形成科技中介服务业，则是在 20 世纪后半叶。发达国家或新兴工业化国家为了能将本国或国际上出现的科研成果迅速地推向经济主战场，增强本国综合竞争力，采取了多种模式与机制并行竞争，目标与定位远近结合，管理与投入科学规范的发展科技中介机构举措。一些发展中国家和地区也在结合本国实际状况的基础上，有选择、有重点地引导和支持了一批科技中介机构的建立和发展，有效地推动了科技与经济的结合，并在促进政府科学决策和政策施行上发挥出积极的作用。综观国内外已有的实践和探索，本文对国外科技中介机构的发展背景、状况与功能等情况进行了基本的比较综述。

根据定位和取向等的不同，美国科技中介机构的发展大致可以分为四个阶段：

（1）辅助企业建立阶段。在本阶段，科技中介机构多为政府直接资助建立，主要目标是提供就业机会；运作模式多为非营利；重点为新企业的创立提供服务；管理者多为政府人员。

（2）服务功能系统化阶段。政府对科技中介机构重在提供系统化的间接支持，如制定法律、政策等；科技中介机构的主要目标是帮助新创企业成立、生长和成活；运作模式多为主体多元化的非营利机构；重在提供综合服务、创新要素与资源；管理者多为政府指派的人员。

（3）企业化、公司化运行阶段。在此阶段，政府的支持减少；科技中介机构的主要目标是帮助企业创造价值；运作模式多为企业化、公司化经营；重在提供无形的智力支持；管理者多为有管理经验的职业经理人。

（4）网络集成、产业化阶段。在此阶段，科技中介机构已经独立于政府；主要目标是帮助技术创新最终取得成功；运作模式为盈利的产业模式；重在提供全方位的创新支持；管理者多为成功的创业者。

德国科技中介服务机构发展迅速，并呈现出两极分化的趋势。德国科技中介服务业始于 20 世纪 50 年代，其科技中介机构主要分为四类：一类是政府决策中介机构。这类机构能够为政府部门提出有关新兴技术和行业发展方向及前景的政策建议，对产业的理论、技术和方法进行深入研究，对某些重要课题进行技术经济论证，将科研部门的研究成果向企业推广转让，等等。第二类是兼有投资功能的中介机构，多以协会或科技部门进行投资或资助。第三类是将科研部门和大学的最新科研成果及时、有效地向企业推广，即以技术转让为主的中介机构。第四类是纯盈利性中介机构。这类机构主要为企业服务，如帮助企业研究其产品的促销手段、预测销售市场前景、提出新技术发展方向、协助企业提高管理水平等。

第四节　科技中介机构的分类

一、现有文献的分类

对于科技中介机构的分类，国内曾有很多学者做过研究，但尚未形成统一标准。常见的分类有以下几种，见表 1-2：

表1-2 科技中介机构的分类

划分角度	具体分类	说明
所有权	两种方法：分为民营和非民营两类；分为官办、半官办和民营三类	非民营中介一般属于事业部门或者挂靠政府部门。非民营中介设立的目的一般是为了加快地区和国家的科技进步
是否营利	分为营利和非营利两类	中国绝大多数非营利性的科技中介采用的都是企业式的运作方式，政府部分出资，但须保持相对的独立核算，自负盈亏。营利性科技中介本质上是一类企业，以利润最大化为其经营目的
机构功能业务定位	第一类：直接参与技术创新主体的技术创新过程；第二类：为技术创新主体提供信息、技术、管理或法律咨询服务；第三类：为科技资源有效流动、合理配置提供服务	第一类包括生产力促进中心、创业服务中心、创业孵化企业、工程技术研究中心等；第二类包括科技评估中心、科技招投标机构、情报信息中心、知识产权事务中心和各类科技咨询机构等；第三类包括常设技术交易市场、人才中介市场、科技条件市场、技术转移代理机构、技术交易机构等

按照科技中介的功能分类是当前中国划分科技中介的主要形式，这种分类就是将科技中介的职能罗列出来，没有逻辑性。

二、基于技术创新和创新扩散的分类

前文已经给出了技术创新和创新扩散的定义，因此，这里直接针对技术创新和创新扩散这一过程，对科技中介机构进行分类，使其更富有经济学内涵。

第一类是为技术创新活动提供投入要素的机构，包括生产力促进中心、创业服务中心、大学科技园、工程技术研究中心、行业协会等。

第二类是在技术扩散过程中进行资源优化配置的机构。这类机构是科技中介的主体和重点，包括技术交易市场、技术经纪人、技术条件市场、人才市场、科技招投标机构、风险资本市场等。

第三类是为技术创新及其扩散提供咨询与评估服务的机构，包括科技情报信息中心、管理咨询公司（企业诊断）、专利咨询和代理、科技评估中心等各类科技咨询和评估机构。

第四类是协调企业在技术创新及其扩散过程中市场行为的机构，包括律师事务所、会计师事务所、信用担保机构、信誉评级机构、质量监督检验机构等。

第五节　科技中介机构的功能

科技中介机构的功能可分为经济功能和社会功能两个方面。从经济角度看，科技中介机构有助于企业节约交易成本、节约组织成本，从而为企业增加效益；从社会角度看，科技中介机构可以优化创新环境、提高企业的创新能力、建立中间转化渠道、加速科技成果向产业转移等。

一、经济功能

（一）节约交易成本

节约交易成本是科技中介机构最基本的经济功能。交易成本包括调查和信息成本、谈判和决策成本以及制定和实施政策的成本，其中前两项是事前交易成本，后一项是事后交易成本。下面考虑仅有一个供应商和一个需求方的简单经济。在没有科技中介是，需求方试图从市场获得生产所需的要素服务，下面的分析将说明科技中介机构从降低信息成本、减少配对搜寻成本和抑制逆向选择三个方面降低事前交易成本的功能。

假定供求双方碰到一起直接交易并就交易条件讨价还价，供应商提供要素服务存在机会成本，而需求方对要素服务有支付意愿，双方彼此不知晓对方的机会成本或支付意愿，而要素服务质量高低则由合同保证。需求方购买要素服务之前要识别自己真实的需求，同时在众多的潜在供应商之间寻找并确定合适的供应商，继而与该供应商签订合同。需求方并不了解要素服务的供应商的资质、服务质量、要素服务的性能价格比，要确保合同体现自身利益，就要投入成本收集信息，以缓解信息的不对称。供应商也面临相同问题，也需要花费成本收集信息。如果供求双方的交易能够达成，那么交易的价格将大于供应商的机会成本、小于需求方的支付意愿，双方获得的利益之和等于需求方的支付意愿与供应商的机会成本之差扣除发现信息带来的交易成本。较高的交易成本导致双方不能获得利益，双方不会签订合同，直接交易将不能达成，即信息不对称及发现信息的成本较高迫使需求方转向自己生产。

考虑供应商和需求方通过科技中介机构进行交易，科技中介机构收集大量关于供应商和需求方的信息，供应商和需求方只需要支付佣金或以某种方式付费就能获得这些信息。只要供求双方支付的佣金小于它们直接交易时因收集信息发生的交易成本，由科技中介搭桥的交易就会发生。如果供应商与需求方直接交易，那么利益冲突的双方就不得不就利益分配讨价还价，供应商试图提高价格，需求方会尽量压低价格。科技中介机构介入后将向供求双方提供合理价格，供求双方不必再为利益分配而投入管理资源。当然，所有一切都建立在科技中介机构能够信守包括价格在内的所有承诺的基础上，如果科技中介机构想长期吸引供求双方，它就有足够的动机维持交易的信誉。

上述讨论假定供应商和需求方刚好碰到一起直接交易，经由科技中介机构的成本小于企业内部组织资源配置的成本，科技中介机构参加的间接交易即能立刻发生，且科技中介机构承担了直接交易中由供求双方承担的交易成本。而直接交易的供求双方需要在一段时间的搜寻和讨价还价后达成交易，交易利益于未来某时刻在供应商和需求方间分配。直接交易发生时的贴现率越高，经由科技中介机构形成的间接交易就越有优势，即直接交易搜寻的时间越长，讨价还价越困难，直接交易的可能性越小。

科技中介机构的优势在于提供交易的集中机制，因而减少了供求双方搜寻的不确定性及其成本，这种协调服务对保障市场发挥功能至关重要。科技中介机构的存在增加了潜在供应商和需求方的数量及其相互寻找到的概率，搜寻成本降低。在分散的市场上，交易双方相互搜寻的过程是不完全的，它们偶尔相遇完成交易。供应商有不同的机会成本，需求方有不同的支付意愿，在分散市场中的供求双方随意配对。在讨价还价的交易中，供应商有动机抬高机会成本，需求方有动机压低支付意愿，高度分散市场的随意配对使交易条件不确定，达不成交易的风险提高。信息不对称也易使交易破裂。科技中介机构通过公布交易条件、核定交易风险可以消除不确定性，增加配对成功的概率。

下面考虑一个有两个供应商和两个需求方的简单分散市场。供应商分别具有较高和较低的机会成本，需求方也分别有较高和较低的支付意愿。交易四方进入市场后方知晓对方的支付意愿或机会成本，高支付意愿的需求方与两类供应商都能达成交易；类似地，低机会成本的供应商同两类需求方都能达成交易。然而，高机会成本的供应商遇到高支付意愿需求方的概率只有50%，低支付意愿的需求方也智能以50%的概率遇到低机会成本的供应商，在高度分散的市场中交易发生的概率较低。如果经由科技中介机构这一媒介交易，那么凭借有效地掌握市场信息、确定恰当价格，科技中介机构降低了搜寻的不确定性。需求方货比三家，供求双方对搜寻潜在交易对象的担忧以及对双方协调问题的考虑，促使交易双方转向利用保险中介交易。上述分析假定交易双方对科技中介机构有足够了解，搜寻科技中介机构的成本较低。如果这些条件不满足，则需求方退回自我组织资源配置。因此，降低交易双方搜寻科技中介的成本是其发挥协调作用的前提。

另外，科技中介机构通过向交易双方提供中介服务抑制市场的逆向选择。大多数市场都有明显的信息不对称，供应商不了解需求方的需求特征，需求方也不了解供应商提供要素服务的质量。科技中介机构机制的设计将弥补市场的信息不对称，集中处理信息将为科技中介机构带来利润。

供求双方因信息或有限理性的限制不可能签订详细的合同，需求方向供应商购买要素投入时得到的是对要素服务质量的承诺，而供应商出售要素投入时得到的是获得收入的承诺。大多数市场符合柠檬理论，"柠檬理论"是指在信息不对称的情况下，往往好的商品遭受淘汰，而劣等品会逐渐占领市场，从而取代好的商品，导致市场中都是劣等品；"柠檬理论"由著名经济学家乔治·阿克尔罗夫以一篇关于"柠檬市场"的论文提出的，并摘取了2001年的诺贝尔经济学奖，并与其他两位经济学家一起奠定了"非对称信息学"的基础；柠檬市场也称次品市场，是指信息不对称的市场，即在市场中，产品的卖方对产品的质量拥有比买方更多的信息，在极端情况下，市场会止步萎缩和不存在，这就是信息经济学中的逆向选择。基于信息不对称的需求方无法区分购买的要素投入的质量，当根据平均质量出价时，高质量要素投入的供应商将退出市场。科技中介机构以一定成本为需求方鉴定要素投入质量的高低，据此向需求方显示不同要素投入可能的价格。只要科技中介机构确定的价格使需求方感到利用科技中介机构有利可图，由于减少了需求方的不确定性，科技中介机构就能从鉴定质量中得到利润。一般来说，鉴定质量的利润动机使科技中介机构比单个需求者有更大动机投资于质量鉴定与提供更准确的质量信息。虽然科技中介机构花费较高成本收集信息来保证能区分出高质量和低质量的供应商，但是作为一种专业化分工，科技中介机构的平均成本在众多交易参与者间分摊后降低，科技中介机构只要向交易双方收取较低费用即可获得利润。建立信誉、获得利润是科技中介机构发挥作用的前提。在高信誉的科技中介服务市场上，高质量的要素投入经由科技中介机构交易。这解决了柠檬问题。交易双方不必花费交易成本调查对方的信息，科技中介机构提供的中介服务足以保证质量，当然这一切都建立在科技中介机构的信誉之上。不可否认，科技中介机构与交易双方之间也存在信息不对称。如何设计一种使交易双方表露真实信息的交易机制，成为科技中介机构真正解决逆向选择的关键。

（二）节约组织成本

私域内企业与企业之间、企业与个人之间、个人与个人之间都利用科技中介机构交易。对个人而言，科技中介机构主要能节约建立在市场基础上的交易成本；对企业而言，科技中介机构不但能节约交易成本，还能节约组织成本。企业的组织成本是指企业的生产和销售过程发生的管理成本，包括企业以市场为基础签订的合同在企业内部的执行成本，也包括企业一体化科层内部实施监督工作、上下级间文化差异产生的冲突等耗费的成本。经由科技中介机构的交易从两方面节约了组织成本，即避免逆向选择，减轻道德风险和机会主义。

现在假定企业利用市场的交易成本既定或企业内部组织资源配置不发生交易成本，考察的重点放在企业的组织成本上。短期内管理资源的总量既定，较多的管理资源投入签订合同以试图减少事后交易成本，即组织成本增加，投入生产和销售的管理资源减少，生产和销售将受影响。在经由科技中介机构参与的市场交易中，企业能委托科技中介机构对交易对象的信息做出更多的调查，对自己生产所需的高质量要素服务给予更多信息，做出更多的谈判努力，所有这些活动都能避免逆向选择。如果企业利用自己的管理资源完成上述工作，则企业内部不可避免地形成多层次、复杂的科层组织，相应的组织成本也增加。

一旦企业在科技中介机构的协助下签订了有效的合同，在合同的执行中，它还能在科技中介机构的帮助下进一步节约组织成本。与企业自己执行合同相比，科技中介机构的参与创造了一种降低组织成本的途径。尽管经由科技中介机构签订的合同尽可能地避免了逆向选择，但是，合同在企业内部或交易双方之间执行时，因成本等原因而变得无效率，这是一类特殊的信息不对称，即道德风险。在道德风险模型中，签订合同的交易双方的努力程度影响合同的执行。但是，需求方（即要素投入的购买方）不能观测供应商（即要素投入的出售者）的努力水平。这就意味着供应商根据合同的实际情况选择了自己的努力水平，又决定了要素投入的质量水平。总之，供应商总有欺骗激励，即使其努力水平很低导致要素投入的质量不高，供应商也会宣称自己付出了百分之百的努力。道德风险之所以发生，原因在于交易双方之间存在有效率激励和有效率风险分担的两难冲突。虽然在签订合同时，由需求方和要素供应商分摊低质量服务带来的后果，但是由于需求方不能观测到供应商的努力程度，无法确切判断低质量服务是否来自供应商的低努力水平。如果发生坏结果，则需求方会给予供应商惩罚，但出于分摊风险的考虑又不能惩罚太重。有约束的合同提供了抑制双方的机会主义行为，但是它并不依赖企业内部管理资源投入的增加，即不依赖组织成本的增加。科技中介机构可以向交易双方做出可信承诺，以此约束双方的机会主义行为，而科技中介机构也依靠提供信用而获得利润。

这种承诺在没有科技中介机构存在的合同执行中是不可信的。如果需求方和供给方都进行关系投资以建立彼此间的信任，那么他们马上就会发现关系投资不值得：双方讨价还价以分割交易利益，由于双方必须与交易对象分享关系投资的回报，以致扣除关系投资的成本后，建立彼此信任后的效益小于从前。如果科技中介机构介入双方的交易，则科技中介机构与双方在公布的价格上达成协议，双方进行关系投资的回报将大于投资成本。科技中介机构的承诺无须要求企业保留交易专用投资，企业可以依赖科技中介机构完成对交易对象的监督。科技中介机构用自己的信誉替代交易双方的信誉，形成间接约束交易双方的合约。科技中介机构面对大量交易量，比单个需求方或供应商更有动机建立信誉。科技中介机构代替企业内部拥有并管理专门资产而形成复杂的科层组织，成为节约企业组织成本的一种组织。科技中介机构的信誉促进了承诺的兑现。例如，一些经济鉴证类科技中介机构的中介服务提供了交易双方遵守合约承诺的激励。

科技中介机构代替企业监督交易对象的努力，设计合理机制保证交易双方遵守合约。在某种意义上，科技中介机构是交易双方的代理人，它们通过高度专业化的中介服务节约了组织成本。例如，科技中介机构监督供应商的要素投入质量，这需要花费成本。专业化生产使科技中介机构从这些监督中获得经验，不但可以降低道德风险，也降低了监督成本。

（三）增加效益

企业或个人利用科技中介机构节约交易成本和（或）组织成本，目的是为了增加效益。如果科技中介机构为交易双方提供信誉，与交易双方建立信任关系，那么，包括签约成本、监督成本和执行成本等在内的交易成本和组织成本都相应降低。与此同时，企业由于获得更高质量的要素投入而增加了效益。

科技中介服务包括显性的可被复制的信息和隐性的难以简单描述的专业技能。对于企业生产和利用，后者的成本高于前者。在信任的前提下，企业与科技中介机构之间开放交流机制，促使隐性技能的转移，企业利用隐性技能产生的收益比自己生产更大。考虑个人计算机产业的中游厂商——PC配件的生产厂商，中游环节的技术含量不高，多数配件的生产技术趋于成熟，该环节的厂商技术升级压力小，成本与规模生产的压力较大。这些企业的竞争优势主要体现在专业化分工、规模经济、合作共享和整合。这些企业可以自己建立销售网络直接面向最终消费者，或者经由合同交贸易代理商去做。在企业内部生产的优点是能够保证较好的销售服务，而交给贸易代理商去做，贸易代理商不一定具有特殊技能，一家贸易代理商可能同时代理几家公司。显然，更好的销售服务有助于销售量的扩大，交贸易代理商去做有助于企业成为一个高质量的PC供应商，而这些对于提高产品质量和提高企业竞争力都是有好处的。现实中，这类计算机行业的中游厂商一般不介入最终消费品市场，也不直接与最终消费者接触，而是委托代理商完成销售。可见，中游厂商选择交由代理商完成销售服务更多的是出于效益的考虑。这种效益来源于代理商销售人员专业的销售知识和长期培育的客户网络。特定领域内市场营销的专业知识增进销售，并带给代理商和供应商共同的更高利润，这是一个非零和博弈。对于供应商而言，代理商的销售专业技能至少在短期内难以被供应商复制。因此，在上述情况下，企业利用科技中介机构的前提是二者之间建立信任、透明的关系。

利用科技中介机构增加效益的第二个方面，来源于科技中介服务能够为企业增加某个环节上的价值。波特的价值链理论指出，企业获取竞争优势的来源是价值链的不同。将企业作为一个整体来看，无法认识企业竞争优势的来源。竞争优势来源于企业在设计、生产、营销、交货等过程及辅助过程中所进行的许多相互分离的活动。这些活动中的每一个都对企业的相对成本地位有所贡献，并且奠定了差异化的基础。波特使用价值链的分析工具，将企业创造价值的过程分解为一系列互不相同但又互相关联的经济活动，其总和构成企业的价值链，每一项经营管理活动都是其中的一个环节。价值链上的每一项活动既会增加产品价值，同时又会给企业带来利润，也会增加企业的组织成本。不同环节对企业效益和成本的影响程度不同，并非每个环节都能真正创造价值。只有真正创造价值的经营活动才是企业的战略环节。企业的竞争优势主要体现在企业战略环节的优势。因此，企业应该投入更多资源于战略环节，非战略环节则可以交给其他组织去做，以减少成本、增加灵活性。

企业价值链上的每个环节都有潜在竞争对手与之竞争，企业之所以能比竞争对手更具优势，不是因为在价值链上每个环节都优秀，而是在部分环节比竞争对手做得好。任何一个想取得优势的企业都不得不根据价值链上每个环节的附加价值找出战略环节，集中有限资源以增加更多效益。随着技术不断进步，专业化分工不断深入，市场范围不断扩大，企业价值链的增值环节越来越多，结构也日趋复杂化，这为价值链的分解提供了条件。价值链的分解使企业内部出现了相对独立的增值环节。前面的分析指出，企业获得要素投入可以有三个途径：企业内部自己组织生产，直接从市场中获取，经由科技中介机构获取。采取何种方式取决于企业的成本和效益。企业自己生产时往往要投入专用资产，增加内部组织成本，而经由科技中介机构的生产不但能避免直接市场交易的不确定性，而且能减少组织成本。只有一些战略性的环节能在企业内部组织生产中具有重要的组织地位。为了获取更多的效益，企业有强烈的动机利用科技中介机构，从而使企业的管理资源能投入到更能增加附加值的环节。而那些非战略性环节可能更适应科技中介产业，例如企业将会计、法律、咨询等独立出来，由专业的会计师事务所、律师事务所和咨询公司担当，更利于其发挥专业分工的优势。这些专门性服务组织参与到企业生产的价值链中，能为企业创造比以前更多的价值。因此，科技中介服务的规模效应成为利用科技中介机构增加效益的第三个源泉。将交易集中在科技中介机构可以产生利用信息等科技中介服务的规模经济效应。

（四）其他经济功能

科技中介除了具有节约交易成本和组织成本的基本经济功能之外，还具有以下几类经济功能：

第一，有利于决策主体改善和提高决策质量。现代市场科技中介的主要活动是智能服务，是知识转化，是有针对性地为社会提供最优化决策、可选择方案、有价值数据和调查分析结果。首先，科技中介可以利用自己的知识和经验以及掌握的信息，对企业的生产经营状况进行诊断，为决策提供建议和方案，从而减少失误，将企业管理引入科学轨道。科技中介为市场主体提供决策科学化服务，被人们形象地说成"发挥了市场主体'外脑'的作用"。其次，科技中介组织集结了极具智慧的专家、学者，拥有大量的信息、经验和技术，并可以随时提供给客户，既可弥补客户信息容量的不足，又可促进信息情报的横向交流，从而提高市场效率。显而易见，科技中介能提高决策质量。

此外，科技中介能够起到帮助、促进企业经营管理水平提高的作用。也就是说，除了给决策者提供具体决策信息、建议，科技中介还能改善企业家的才能，提高劳动者的禀赋。培训企业员工的经营技能和管理水平的科技中介，发挥的就是这样的作用。

第二，发挥市场调节功能，实现生产要素的优化配置。科技中介服务体系的重要内容是建立专业的或综合性的要素市场，如技术市场、人才市场、风险资本市场、技术条件市场、房地产开发市场等，并在这些市场中，依据国家有关法规和政策，营造良好的政策环境；通过利益机制和有效服务，促进生产要素的有序、合理地流动，协助用户进行生产要素的优化配置，实现集约化经营，发挥沟通连接功能。沟通连接功能使创新合作网络系统中的信息传递和反馈环路得以实现，减少了信息不对称性给技术创新合作带来的决策困难，促进了创新资源的流通，给各创新主体发挥比较优势创造了条件。

第三，协调整合组织资源。科技中介依托高校、科研院所等技术力量雄厚的社会力量，帮助企业与高校、科研机构开展技术依托、技术合作、成果转让等技术创新合作，帮助企业有效利用企业外部的资金、人才与技能，为企业与高校、科研院所、金融与投资机构、政府等之间建立联系和合作进行资源的整合和组织的协调。协调整合功能在解决技术创新合作系统内，由于各类角色之间的相互联系和合作较差，各种创新资源缺乏匹配和协调而产生的"系统失效"方面，发挥着重要的作用，使社会的创新能力得以有效利用并转化为竞争力，实现经济效益。

第四，为企业提供咨询服务。这里指的是企业诊断和发展实施。科技中介为企业提供经营战略、创新战略和创新实施咨询服务，帮助企业鉴别和发展（环境挑战和机会），开拓市场；为成果转化提供技术评估、技术选择和需求评价；为企业、银行、投资者（机构和个人）和政府部门提供项目评估和投资决策服务。通过建立各种专家系统（包括技术、市场、财务和管理等），利用社会专家资源，为企业及与其合作的各方提供专业咨询和项目管理服务，提供专利查询和知识产权代理服务，评估与保护知识产权等。咨询服务功能是技术创新服务中心直接帮助企业开展技术创新和实施技术创新中介服务的主要功能。

根据上述的主要功能，可以进一步认为，科技中介服务在社会产业链中处于一种独特的社会地位，并且是与现代科技经济紧密联系的、专业性的经济实体。随着社会发展对科技资源需求越来越大，科技中介服务必将会在市场经济条件下发挥更重要的作用，也将成为知识经济中的一个大产业。

二、社会功能

（一）优化创新环境，提高技术创新主体的创新能力

创新是一个民族进步的灵魂，是推动经济发展和社会进步的强大动力。在现代科技活动中，要有所创新，必须具备四个基本要素：即风险资本、开展科研活动的基础设施、具有创新思想和创新能力的人才以及有利于活跃思想的文化氛围。技术创新主体由于自身社会联系的局限性以及目标利益上的狭隘性，往往很难获得最佳条件的创新环境。科技中介可以从创新主体的需要出发，在较大范围内，通过市场手段吸引各类生产要素，并进行比较优选，为用户提供和配置优良的创新环境，以提高创新主体的技术创新能力。

（二）建立中间转化渠道，加速科技成果向产业转移

长期以来，由于科技和经济在功能和体制上的分离，使得科技成果向产业转移成为一个世界性的难题。随着科技中介业的发展，在各国政府的支持下，在科技与经济之间建起了具有服务功能的中间转化体系，创立了如工程技术研究中心、生产力促进中心、创新中心、孵化器等。这些中间转化体系的功能主要是对科技成果做进一步的验证以及提供完善的工程化、中试和设计等方面的服务；为解决技术创新过程中遇到的关键问题提供技术咨询和信息咨询；为降低创业风

险，为小企业孵化提供场所和软硬件服务等，从而大大加快了科技成果向产业的转移。同时，这些中间转化体系也发挥着市场调节功能，实现生产要素的优化配置，提供专业化服务，推进高技术产业化进程。专业化服务，尤其对于中小企业是迫切需要的。科技中介为中小企业提供市场信息、经营策划、管理咨询、融资渠道、人员培训、形象设计等服务，可以减少小企业经营风险，降低运营成本，提高竞争能力。

（三）规范市场主体行为，实施对市场的监督和调节

科技中介中的评估机构、资格认定机构和行业协会、商会组织等，除了代表自己的职业协会和机构的利益外，还承担了由国家认可的资格审查以及对市场监督与调节的任务，在规范市场主体行为、维持市场正常的运营秩序、为市场主体提供各种规范化服务、衔接国内市场与国际市场的交往、沟通政府与企业及用户的联系等方面，发挥着不可替代的作用。

（四）衔接、协调政府与企业的关系

社会主义市场经济运行方式是国家间接宏观管理与调控下的市场资源配置方式。这种经济运行的基本形式决定了政府的职能主要集中在立法、管理、监督、服务、调控等间接性的管理工作方面，政府不能再包揽和直接管理企业的各项具体事务，要求企业必须是自主经营、自负盈亏、自我约束、自我发展的完全独立的经营主体。

企业在具体的经营管理过程中，所遇到的权益、矛盾、困难、问题等，往往由于单独企业的能力不够、权力有限、势单力薄等原因，而无法得到有效的解决。因此，在现实的经济运行过程中，就必然产生了在企业和政府之间，建立一种能够按市场经济的运行和管理原则进行有效协调和沟通机制的客观要求。这种介于政府与企业之间的中介机构或组织，能有效地协调和沟通政府与企业之间的关系，较好地处理企业在经营管理过程中遇到的自身无法解决的问题，为企业营造一个公平合理的市场环境。

（五）政府转变职能的手段

职能转变的一个重要手段是将有关事务交给中介组织承担。这既能使转移出

的职能得以落实，由中介组织更好地为企业、市场和社会服务，又能使省级政府减少具体事务，加强宏观决策、宏观规划和宏观调控。中国目前大行业的行业协会等都是政府转变职能时利用中介组织的结果。

（六）促进产业结构和经济结构的调整和优化

产业结构调整升级指的是支柱产业从第二产业向第三产业过渡。其机理是在其他生产要素，如劳动、资本和自然资源都相对充足的情况下，相对稀缺要素——技术投入量的增加带来的产出幅度较大。技术向现实生产力转化一般需要经过三个阶段，即技术研究阶段、技术开发阶段和技术应用阶段。一个阶段向另一个阶段转化时都需要科技中介机构发挥作用。

透过科技中介这些显而易见的功能，可以从制度这一更深层次分析科技中介的社会功能。从制度经济学的观点看，中介组织的发展能带来社会制度的改变，具体来说分为两点：一是通过改变人们的意识，如消费习惯、分工和合作意识，从而改变某些社会文化等内在制度，使整个社会的交易成本变低。二是中介组织的发展和规范化必然导致一些诸如法律、指令性程序、惯例等外在制度发生改变。规范的外在经济制度的形成，对促进经济发展和社会进步的无形作用已经被经济学家证明了。科技中介机构是加速科技成果向生产力转化的关键途径，其发展和规范化过程必然导致很多有利于科技进步的外在制度的诞生，而规范的制度一旦形成，就会对以后进一步加快科技成果向生产力转化产生正反馈作用。

第二章　科技中介服务体系与能力提升

第一节　发达国家和地区科技中介服务体系研究

一、美国的科技中介服务体系

美国的科技中介服务体系极其发达，科技中介服务机构种类繁多，组织形式多样，专业化程度高，活动能力强。主要包括以下五类机构：

(一) 官方组织

官方科技中介组织中最具代表性的是联邦政府直属的美国小企业管理局（Small Business Administration，简称 SBA）。其职能是实行各种担保和贷款计划，帮助企业获取资金，设立小企业发展中心、退休工商领袖服务团和商务信息中心，提供各种信息、咨询和技术服务，以及帮助小企业获得政府采购合同等。其中，小企业发展中心是在小企业发展中协调各中介机构、社会团体和政府关系的组织，其成员主要由志愿者和兼职人员构成，他们均来自专业贸易协会、法律与银行界、学术界、商会及退休人员服务社。小企业发展中心无偿为中小企业提供资金、市场、技术创新、可行性研究、国际贸易等方面的帮助和咨询。小企业发展中心是美国政府针对小企业兴办后 5 年内破产率达 50% 的实际问题而设置的，得到了美国政府和各方面的高度重视和支持，被明确为非营利性机构，其运行经费来自美国联邦政府、州政府和其他收入，其中，不超过 50% 的经费来自美国联邦政府。目前，小企业发展中心在美国已形成庞大的全国性网络，有 57 个州中心，并在大学、商会和经济发展社团内设有 970 个分中心与卫星网点，从而形成全国性的网络化服务体系，成为促进美国科技成果产业化和经济持续增长的重要社会力量。

（二）半官方性质的联盟和协会组织

这类中介机构由政府和民间合作组建，工作重点是帮助新兴高科技企业争取资金、改进管理、寻找商业合作伙伴和推动新科技发明尽快进入市场。它们还参与政府科技经济发展规划、措施的策划，负责政府部分科技项目的评审管理工作，如圣弗朗西斯科湾区科技联盟就负责加州技术投资合作项目的评审推荐工作等。1989年，美国国会批准成立了国家范围的技术服务机构——国家技术转让中心，其主要任务是将联邦政府每年下拨的700多亿美元用来向工业界推广国家实验室、大学等科研机构的研究成果，使之尽快成为产品，增强美国工业的竞争力。该机构建立了两个数据库，开通了"商业黄金"信息服务，通过互联网将全国10万多名研究人员，以及700多家国家实验室、大学和私人研究机构的科研成果乃至正在开展的科研项目的进展情况的信息及时无偿地传递给用户，向全社会各行业提供技术成果转让一站式增值服务。

（三）特定领域的专业服务机构

美国圣荷塞市软件发展中心就属于这样一种专业服务机构。该中心的软件测试设备和工具由大型计算机公司赞助。该中心旨在帮助小软件开发企业获得专利、资金，免费提供使用软件测试设备，组织企业主与风险投资家见面，并举行有针对性的专题讲座。

（四）大学里的技术转移办公室

这类办公室的主要工作是进行技术转移，将大学的技术成果转移给合适的企业，同时把社会、产业界的需求信息反馈到学校，推动大学与企业的合作。

（五）科技企业孵化器

科技企业孵化器一般由地方政府支持，主要为高新技术企业的成长、发展创造条件、提供支持。美国是世界上孵化器数量最多的国家，造就了一批以微软为代表的新经济时代的关键性骨干企业。目前，美国全国有900多个孵化器，其中有51%是由政府和非营利机构资助运行的非营利性孵化器。

美国政府一般并不直接参与、介入中小企业技术创新，而是通过立法、政策等间接方式鼓励和引导中小企业技术创新，为中小企业技术创新创造一个良好的外部环境。例如，在财税方面，规定咨询费用纳入成本，不计征所得税，鼓励企业利用咨询服务等。美国尤其重视社会中介组织在促进中小企业技术创新中的作用，建立了一批社会非营利组织，如退休人员服务社、小企业信息中心等，为中小企业技术创新提供信息、咨询、技术、人才培训等全方位服务，为完善美国的科技中介服务体系也起到了积极的作用。

罗琴[①]对美国硅谷的科技中介服务在区域技术创新和扩散中的作用做了初步探讨。她指出，硅谷的科技中介服务体系是在美国的宏观制度背景下形成的，在成长过程中随着制度变迁做出过适应性调整，形成了不同于其他地区的科技中介服务体系特色，这种特色与其服务产业的高科技特性密不可分。硅谷著名的高科技公司的服务机构实力也很强，科技中介服务机构与其服务的高技术公司一样充满活力且抗风险能力强，风险投资中介、技术转化中介和行业联系中介是硅谷科技中介服务机构的主要组成部分。

1. 风险投资中介

风险资本是与高科技经济发展相联系、有特别含义的金融资本的独特形式，运作风险资本的风险投资中介对技术创新和经济发展有重要作用。风险投资直接推动了硅谷信息技术产业的发展，其扶持起来的创业公司（如仙童、英特尔、美国数字设备公司、苹果等）都取得了划时代的技术突破，从而形成了美国的高技术优势。加州硅谷和波士顿的繁荣归因于风险资本共同体，包括作为科技中介的风险投资公司。

2. 技术转化中介

由美国斯坦福大学发起的三个与技术市场相关的制度创新反映了硅谷地区产业形成过程中研究机构、创业者与公司之间与众不同的关系。第一个创新是斯坦福研究所的创立，旨在完成政府指定的研究以及帮助西海岸公司获得政府的合同。该机构一开始主要是致力于与军事相联系的研究，后来成为疏通私有部门高技术公司、政府和大学研究机构之间联系的重要渠道。第二个创新是斯坦福大学通过其荣誉合作项目向当地的公司开放其工程学教室，以便公司的雇员能注册学习研究生课程，在合作主体之间建立了一种协作关系。第三个创新是斯坦福大学推进了斯坦福工业

---

① 罗琴. 发展科技中介服务促进中小企业技术创新. [D] 南宁：广西大学，2003.

园的创建，它加强了大学和该地区电子企业正在出现的合作模式，促进了两者的长期繁荣。这些制度创新促进了硅谷研究成果的商业化，同时也促进了大学、政府与公司之间的协作，并使硅谷形成创新网络成为可能。

3. 行业联系中介

硅谷企业必须参与国际高科技领域的竞争。在竞争过程中，硅谷众多高科技企业在原有各种松散组织的基础上加强了结盟，这种结盟主要表现为由整个美国高科技领域普遍参与的辅助性联合会或协会，如美国电信协会、半导体工业协会、半导体设备和材料协会等。硅谷的科技中介服务体系不仅满足了高科技企业的一般服务需要，还充分发挥了组织协调的潜在功能，促进了硅谷创新文化的形成。

二、德国的科技中介服务体系

德国的科技中介服务体系是由结成网络的众多技术中心组成的，这些技术中心为中小企业提供技术服务，并得到政府各方面的支持。全德约有大小200个技术中心，各地的技术中心相互间有密切的联系，构成了一个支持知识流动和技术合作的网络。德国的技术中心多依托本区域内的产业和科技、教育优势而建立。例如，吕贝克市所在的石勒苏益格-荷尔斯泰因州是德国医疗器械生产发达的区域，因此，吕贝克技术中心就以医疗器械技术为重点服务对象。

各地的技术中心都是一个连接大学、科研机构、工商协会、生产企业和政府，并具有专业特色的技术创新服务机构。其设立目的是为了促进技术创新项目的实施，为产业提供运用新的尖端技术的条件，推进先进技术的扩散和产业化。具体来说，技术中心的业务是：帮助企业分析产品与生产系统中的技术弱点及其原因，找到解决问题的办法，制定技术创新目标；协助企业确定技术创新项目，并组织协调技术创新项目的实施，是技术中心最突出、发挥社会效用最显著的功能，通过协调大学、科技机构、生产厂家、银行和政府，使其共同接受创新挑战和分担风险；为技术创新提供全方位的服务。这些服务包括：①人员培训。技术中心通常拥有完善的教学设施，以供大学和科研机构的专家为企业培训技术创新所需的人才。②提供各种相关资料、办公室和实验室设备，保障技术创新所需的多方面条件。③提供其他各方面的后勤服务，如统一采购、运输、储存和修理各种物资和仪器设备等。由于技术中心同时为多家企业的技术创新服务，可形成采购、运输仓储和修理的规模效应，从而为企业较大幅度地节约成本。④为各类新技术产品开拓市场提供帮助，如技术中心印制宣传册、在传媒上做广告、召开产品发布会、通过全国技术中心之间的网络进行产品推销等。

德国技术中心最突出的功能就是协助企业确定技术创新项目，并组织协调技术创新项目的实施。技术中心在协助企业确定技术创新项目时，不仅要对当前及未来产业技术发展的趋势进行分析预测，还要对当前企业生产技术和产品的市场需求变动趋势进行分析，从而形成技术创新的意向和目标。确定目标后，技术中心要经过调查，正式研究开发和技术商品化、产业化，开拓市场和创造效益三个阶段，确保技术创新项目的实施。

第一阶段，调查阶段。具体进行的调查有：①市场调查。走访市场销售人员和用户，了解未来用户对新技术产品的具体要求和需求。市场调查的一个重点是了解这一领域内是否有潜在的竞争对手；如果有，自己是否有实力与之竞争。②专利调查。即技术创新要涉及的技术是否已有专利持有者，是否会形成专利纠纷等。通过深入调查明确开发的项目，并经过充分的可行性论证使项目得以确定。

第二阶段，正式研究开发和商品化、产业化阶段，是技术中介服务最重要和最关键的阶段，全面组织研究、开发、中试和形成有经济价值的商品。在这一阶段，技术中心首先要组织起以企业为核心，企业、工商协会、大学、科研机构与政府进行合作的协作框架，以实现包括研究、开发、生产、质量保证、试销、经济性评价等过程的纵向合作，以及参与主体间信息支持、电脑软件开发和物质保障等的横向合作。在整个技术开发和产业化过程中，技术中心除在人员和设施等方面给予支持外，还自始至终承担着各参与单位之间的信息交流、分工协调以及质量、安全各方面的服务、咨询、监控工作，并随时向州和联邦经济部汇报进展情况，以争取到它们的支持和帮助。因此，技术创新中的问题可以及时被发现，困难能够及时得到解决。

德国政府的支持对技术创新通过中介扩散起到了决定性作用，主要通过州政府、联邦政府和欧盟的经费支持来实现，以有效地规避风险。政府经费资助可以达到整个技术创新过程所需资金的30%～50%，如果创新成功，企业可从利润中分期归还；而如果创新失败，企业也无须承担债务。任何创新项目要得到政府支持，都必须由当地技术中心出面向政府打报告，进行全面的可行性论证和资助申请，技术中心在这一环节发挥了至关重要的作用。

第三阶段，开拓市场、创造效益阶段。技术中心与各参与单位（尤其是企业）一起进行较大规模的设备投资，通过各种渠道、运用各种方式把新技术产品打入市场。在这一过程中，技术中心的优势在于其有政府做后盾和半官方色彩的特点，故其推广活动比企业自己做更有可信度和影响力。

从运作机制来看，德国技术中心一般采取股份制形式，股东大多是作为独立法人的小公司，既有生产企业，又有科研、教育单位，以及私人投资者。技术中心内部设立董事会，聘用总经理，这些组织结构与一般股份公司类似。而德国技术中心的特殊性在于，其相当一部分资金来自政府经济部的资助，保障了其运作的稳定性，也意味着其要承担协助推行政府政策的落实、无偿或部分无偿地为社会服务的功能，其运作有盈利的一面，也有作为公共产品非盈利性的一面。这种运作机制使得技术中心的经费既因为有政府支持和租金收入而得到基本保障，同时又使技术中心以咨询费的形式得到不同程度的经济收入，对于促进竞争和激励员工也起到了积极的作用。

三、日本的科技中介服务体系

日本的科技中介服务机构大致分为两大类：一类是国立公立机构，一类是民营私营机构。国立公立机构主要有日本中小企业事业团、日本科学技术振兴事业团和日本中小企业风险投资振兴基金会等。日本中小企业事业团成立于20世纪80年代初，是日本国家中小企业政策的主要实施机构，主要为促进中小企业技术高度化、加强人才培养、交换信息以及建立企业共济互助制度方面提供必要的帮助服务，其主要任务是对企业现代化发展的投融资、人才培养、对企业进行技术指导和信息指导、提供中小企业主的退休保障和促进中小企业稳定经营，防止企业破产。日本中小企业事业团在风险投资以及支持向企业进行技术转移与技术交流活动方面的作用尤为显著。为了促进中小企业开拓新领域、开发新产品、提供新服务和开发新技术，日本中小事业团经常组织跨行业、跨领域、跨地区的技术交流活动，开办技术市场，派遣技术专家，并提供交流咨询。

日本科学技术振兴事业团成立于1996年10月，是在原日本新技术开发事业团与日本科学技术情报中心的基础上建立起来的。其主要职能是集中产学官各方面的力量，大力推进基础研究、高技术研究和应用开发研究，建立牢固的科研基础设施和信息网，招聘国内外有识青年学者到国立研究机构工作，推进技术转移与开展研究支援活动。在推进技术转移活动中，日本科学技术振兴事业团特别注重将大学与研究所的优秀成果进行产业化，培育和创造新的产业；同时，积极推进、提高与当地人们生活水平密切相关的科学技术的实用化，积极支持和参与新技术的委托开发和技术斡旋。

日本中小企业风险投资振兴基金会成立于 1984 年 3 月，由东京、大阪、名古屋等地的中小企业投资建立，旨在通过企业的尖端科技或独创技术振兴中小企业，并进一步服务于国民经济的发展和国民生活水平的提高。该基金会以"研究开发补助金"的形式对以取得创造性技术为目的进行研究和开发的中小企业给予经济上的补助，并帮助创办初期的中小企业融资和获得优惠补助。

民营私营机构主要有先进科学技术孵化中心、关西 TLO 公司、东北技术使者、日本大学国际产业技术—商务育成中心、早稻田大学外联推进室和筑波"联络"研究所等。这些机构都是在 1998 年 8 月日本政府颁布实施了《大学等机构技术成果转化促进法》后建立起来的，并得到了国家的认定。这些技术服务机构的技术提供者主要是大学与研究所，通过将大学的研究开发成果向企业转让，以及采用发行出版物、开设网页等形式向社会公布成果信息等方法促进技术成果转化和技术转让。例如，先进科学技术孵化中心的技术供给者主要是东京大学；关西 TLO 公司的技术供给方主要是日本关西一带的国立、公立、私立大学和东京大学、立命馆大学等；东北技术使者的技术提供者主要是京都大学、弘前大学、秋田大学、岩手大学、山形大学等；早稻田大学外联推进室和筑波"联络"研究所则主要接受早稻田大学和筑波大学的技术创新。

对应于国立公立机构、民营机构、私营机构的科技中介服务机构设置方式，日本的科技中介机构在开展咨询服务时，主要采取委托开发和开发斡旋两种方式。

对于一些事关国计民生的重大战略性基础技术或实业化较为困难的新技术，一般通过国立中介机构实行委托开发。国立机构将新技术的开发以委托的形式交给企业，提供开发所必需的费用，以图实用化，具体分为三个阶段：①收集新技术。即作为种子，广泛征集大学及国立、公立研究机构的优秀科研成果。②制定课题，选择开发企业。即将征集到的研究成果根据国家的战略需要制定出面向实业化的开发课题，然后依据是否具有技术开发能力来选定合适的企业实施开发委托。③推进开发阶段。中介机构与开发企业在开发过程中保持经常的联系，中介机构了解开发的进展状况，与开发企业共同推进新技术的顺利开发。

对于开发风险比较小、离实用比较近的技术，科技中介服务机构则站在技术所有者和开发企业之间，通过契约来调整其关系。中介机构从技术所有者手中征集技术，并付给技术使用费，然后交给技术开发企业实现技术的实用化或商业化，并从技术开发企业完成实用化或商业化之后的销售收入（或利润）中提取偿还金。在此过程中，技术所有者可对作为使用者的技术开发企业进行技术指导，开发斡旋的风险较小、成功率较高，适用于中小企业的开业和创新。至1999年3月，日本科技振兴事业团实施的技术斡旋项目共有563项，其中72%为产业技术项目。

同时，日本有一系列的支撑体系来保证科技中介服务的顺利实现。①法律支撑体系。中介服务机构的运营必须合法，即必须在法律的允许范围之内开展活动。对于国立公立中介服务机构，日本通常是先颁布一部法律，伴随着法律的生效，国立公立机构的人员、经费和营业范围被确定下来；对于民营私营中介服务机构，一般不直接颁布法律，但必须依据某部法律或规定，具备一定的注册资金，并经过有关中央省厅批准才能成立，且其经营范围不能超越所依据的法律。②资金支撑体系。对于国立公立机构，日本中央或地方政府财政每年通过其主管省厅或地方自治体下拨人头费和开办业务所需的必要经费；而对于民营私营的中介服务机构，则主要采取股份制形式，由该机构自行筹措，采取公司制经营，自主经营、自负盈亏。③风险支撑体系。技术转让具有较大的风险，为了使技术中介服务能够良性发展，解除其后顾之忧，通常的做法是：对于国立公立机构，如果向企业技术转让成功，则从企业的销售收入中获得偿还；如果不成功，则不收取返还的技术成果使用费，其亏空的资金由国家专项资金垫补。对于民营私营机构，则依据市场原则，由契约确定技术供需双方的关系，基本上实行自负盈亏。对于确有困难的，可以向相关省厅或基金会申请风险补助。

第二节 科技中介服务的外部环境与运行机制研究

一、科技中介服务的外部环境研究

欧、美、日等发达国家的科技中介服务机构都孕育于成熟的市场经济环境中，随着经济全球化的来临以及现代交通、通信设施的完备与便捷，发达国家通过强有力的干预行为为科技中介服务机构的发展创造了良好的经济发展环境和基础服务支撑。通常是官方或社会私人机构筹措大量资金，以支持本国技术中心、孵化器、咨询和评估机构等的发展需要，并营造旺盛的市场需求空间，促进科技中介服务机构在国内外开展业务。

笔者曾从经济发展水平、科技综合实力、交通和通信基础设施、文化制度环境等方面论述了促进发达国家科技中介服务机构的外部环境条件。笔者认为，科技服务机构的出现和发展与经济发展水平密切相关，发达国家科技服务业发展水平大大高于发展中国家，与经济发展水平的差距不无关系。只有具备一定的经济实力，才能筹措到大量的资金支持技术中心、孵化器、咨询与评估机构的发展。除了经济发展水平，科技实力也是发展科技中介服务的必要条件之一，发达国家的科技服务企业的发展壮大得益于这些国家丰富的基础研究成果和强大的技术开发能力。没有强大的科技实力和深厚的科技潜力，区域科技服务机构就会失去其存在的基础。同时，交通、通信技术的不断完善也为科技服务业的发展提供了强大的基础支撑。世界上科技服务机构一般位于交通、通信非常发达的中心区域，这些地区依托完善的交通、通信基础设施，促进本区与其他区域的人员、技术频繁流动，使区际经济技术联系加强。

赵裕民[①]等学者指出，一国或地区长久以来所形成的经济心理、商业习惯以及相关的社会传统，会在某些方面直接或间接地影响市场经济活动主体的心理和行为，从而起到加速或延缓科技中介服务机构发展的作用。一个国家或区域中竞争、法治、诚信、创新等市场经济文化理念的强弱，对科技中介服务业的成长有积极的促进和熏陶功能。在发达的资本主义国家，科技中介文化成为科技中介服务机构核心竞争力的一部分。另外，还有许多学者从文化制度、金融资本和风险投资等方面论述了发达国家科技中介服务机构发展的外部环境。

二、科技中介服务运行机制研究

运行机制是科技中介服务机构对外提高服务效率、对内实现规范管理的基本组

---

① 赵冬梅，陈前前，吴士健. 双创环境下发展科技服务业助推经济转型升级问题研究——以江苏科技服务业为例［J］. 科技进步与对策，2016，33（14）：41-46.

织保证。由于学者们对科技中介服务的分类不同，不同分类的科技中介服务机构有不同的运行机制。

娄成武、张凤桐[1]等学者从是否盈利的角度探讨了科技中介服务机构的运行机制。在发达的市场经济国家，营利性机构在各种完备的法律规范下，依照市场机制和现代企业管理方式，以法人地位独立发展业务，享受市场基本权利并承担相应的义务；非营利性机构在一些具体业务操作上，也是以市场化运作机制为基础的。在科技项目资金的扶持、科技成果转化过程方面就有严格的评估程序和明确的权责规定，以体现政府投入资金的高效原则。这与发展中国家的运行机制有所不同，发展中国家非营利性机构的运行机制大多体现出半官方的行政化色彩，营利性机构大都处在现代企业制度的建立与完善期，还缺乏市场化综合运作和创新能力。由于国外科技中介服务体系由不同性质的主体组成，这些不同经营主体的科技中介服务机构所服务的对象也自然不一样。有的科技中介服务适合于私人公司或商业化运作，有的适合政府、大学和研究机构以非营利机构的形式经营，还有的则属于混合型，所有的科技中介服务都深深根植于市场经济中。发达国家的各种科技中介服务大多数以商业化形式运作，而发展中国家则更多地依靠政府的力量发展科技中介组织。

科技中介服务机构存在着多种模式与机制并存的现象，但从发展趋势来看，公司制、以市场化为主的运作模式将是绝大多数科技中介机构的发展目标，美、欧、日等国的实践已经充分证明了这一点。例如，美国的一些科研型大学不断通过组织创新来实现科研成果转化机制向社会化方向发展。从短期来看，非营利性科技中介服务机构的存在和发展，一方面弥补了市场的不足，另一方面也反映出政府干预市场、加快技术经济结合步伐的意志。

马继征[2]等学者按照科技中介服务机构的功能将科技中介服务机构分为交易平台型、转移代理型和技术孵化型三种类型，并探讨了这三种技术中介的运行模式（表2-1）。

---

① 赵冬梅，陈前前，吴士健. 双创环境下发展科技服务业助推经济转型升级问题研究——以江苏科技服务业为例 [J]. 科技进步与对策，2016，33（14）：41-46.

② 陈蕾. 后疫情时期中国科技中介服务机构的功能定位及发展对策 [J]. 经济研究导刊，2021，（2）：140-143.

表2-1 不同类型技术中介运行模式比较

类型	主要功能	服务内容	利润来源	典型代表
交易平台型	沟通	信息交流与洽谈所需的硬件设施；信息的收集、处理与发布、信息咨询等	中介报酬	技术市场
转移代理型	评估、协调	法律咨询服务；管理咨询服务；技术评估服务；技术咨询服务等	转移代理的差额利润	生产力促进中心
技术孵化型	协助实施、经营	提供硬件设施与政策优惠；提供信息交流、人才交流和管理咨询；提供技术咨询、法律咨询和融资渠道	房租、各种服务费、资本收益、品牌收益	孵化器

赵琨①从科技中介服务机构促成产业和企业集聚的角度探讨了其运行的机制。其一，科技中介服务具有资源集聚的效用。要素禀赋理论指出，利用自然资源优势发展区域经济是形成传统产业集聚的原始动力。而对科技产业来说，拥有技术、知识、信息等高等资源的地区更具备吸引高技术产业的区位优势。除政府的政策引导外，科技中介服务机构在聚集高等资源、形成区域优势的过程中扮演了重要的角色，它们通过自身的专业化服务吸引外界的资金、技术、人才等资源，并促使其在集聚区内外自由、合理地流动交换，如同生物体内的循环系统，不断从外界吸收养分，再通过血液循环将养分输送到身体的各个部分，使整个机体保持活力。有了完善的科技中介服务体系的协助，科技产业集聚区内会聚集更加丰富的资源，从而拥有动态的核心竞争优势。其二，科技中介服务有通过集聚降低企业技术交易成本的效用。交易费用理论指出，产业集聚能够降低运输、信息交流和交易的费用，从而降低企业运作成本和产品成本，提升竞争力，而科技中介的存在有助于强化科技产业集聚的成本优势。科技中介服务使地理上集中企业的信息搜寻成本以及合约谈判和执行成本大大降低，有效地促进区内科技企业的交流与合作，促成区内信誉机制的建立，增强企业间信息交流的便利和依据市场变化及时调整战略的灵活性，从而产生一种空间上的拉力，大大降低了机会成本。同时，科技中介还有助于区域软环境和硬环境的培育建设，有效实现公共资源共享，减少重复投资造成的浪费。其

---

① 苏华，唐德淼. 苏州市科技中介服务机构发展调查及政策建议 [J]. 商业经济研究，2015，（14）：144 - 145.

三，科技中介服务具有人才会聚的效用。人才资源在以脑力驱动或知识密集为特征的科技产业集聚中具有突出的作用，这也是为什么许多科技企业选择靠近大学或科研机构的地区集聚的原因。反之，随着科技产业集聚程度的深化，也会吸引大量人才聚集此地，形成一个特定的"人才市场"或"人才蓄水池"。作为科技中介服务体系重要组成部分的科技人才市场，一方面能迅速满足科技产业集聚对人才的需求，减少企业搜寻和招聘人才的成本；另一方面，能够促进人才的流动，降低科技人才流失的风险和成本，有效解决区内科技人才"流动"与"流失"之间两难的矛盾，并为科技人才提供优越的创业环境，为其搭建发挥才干的舞台。其四，科技中介服务有通过集聚促进创新网络构建的效用。新制度经济学认为，经济行为是根植于网络和制度之中的。科技产业集聚就是这样一个建立在区域各科技企业间（通过上下游关系、互补合作关系、竞争关系集聚），以及企业与科研机构、服务机构、行政机构等组织之间开放的、创新的、动态的区域网络系统。科技中介服务机构作为这些网络结点之一，利用专业化服务为网络中的信息、技术、人才、资金等要素的流通铺设了一条条管道，使区内不同行为主体采取合作的运作方式，在相互作用、相互激励中取得"整体大于局部之和"的效果。通过科技中介服务机构的"穿针引线"，科技产业集聚形成的网络是一种比市场稳定、比等级组织灵活的系统，能够实现资源与信息的互补，促进企业在知识、技术、信息、经验和诀窍方面的交流，使"技术溢出效应"得到强化，并减少不确定性，稳定科技产业集聚的周边环境。

第三节　科技中介服务的技术市场研究

交易成本理论、国家创新系统理论和中小企业技术创新理论的提出和发展，强调了市场经济中科技中介服务的功能和作用，对认清科技中介服务促进企业技术创新具有重大意义，而交易成本理论更好地解释了技术创新为什么需要通过市场来进行。

20世纪早期占主流地位的新古典经济理论假定制度是外部既定的因素，仅仅以资本聚集和生产成本最小化来解释经济现象。这样，市场运作就被假定为完全无摩擦的过程。假定人们在交易成本为零的条件下完成交易，并且人们为达成交易而搜寻信息的费用也不存在。但是，这种假设不符合现实情况，不能解释和预测现代经济生活的发展。事实上，这些信息搜寻费用不仅存在，而且有时还会很高，以致使交易无法达成。约翰·丁·沃莱斯（John D. Wallace）和诺思（North）的研究表明，1970年美国国民生产总值的45%被消耗于交易因素；张五常[1]等学者也指出，交易费用在中国香港地区占到其国民生产总值的80%。正是由于交易费用的存在，才产生了一系列用于降低这些费用的制度安排。

1937年，科斯（Coase）首先突破了新古典经济学的狭隘观点，在《企业的性质》一文中开始用交易成本（Transaction Costs）说明企业存在的原因以及企业组织成本与市场交易成本的相互替代关系，把交易成本看作是企业和市场运作的成本。他指出交易成本是获得准确的市场信息所需要付出的费用，也是谈判和经常性契约的费用。科斯首次提出了正确解释现代经济活动的理论。在1991年12月获诺贝尔经济学奖时，他明确指出，交易费用即交易成本：谈判要进行、契约要签订、监督要实行、纠纷要解决，这些运作所需的费用就是交易成本。威廉姆森（Williamson）形象地将交易费用比喻为物理学中的摩擦力。他把交易费用分为两部分：一是事先的交易费用，即为签订契约、规定交易双方的权利、责任等所花费的费用；二是签订契约后为解决契约本身所存在的问题，从改变契约条款到退出契约所花费的费用。阿罗（Arrow）使交易费用的概念更具有一般性，他指出交易费用是经济制度运行的成本。马修斯（Matthews）从产权让渡的角度指出，交易成本是事先准备协约和事后监督、维护协约的费用总和。可见，交易费用是在信息不完全条件下让渡资产所有权的过程中产生的费用，包括谈判、签订、监督执行（索赔）和维护交易契约的费用。

科斯的交易成本理论解释了为什么一些经济活动在企业内部进行，另一些却通过市场来组织。他认为，对于某一给定的企业及其组织的经济活动，当用市场来组织所花费的交易成本大于企业组织生产所花费的管理成本时，就用企业去组织经济活动，反之就用市场。随着专业化和社会分工的日益深化，大规模生产在降低成本的同时，也大大增加了交易费用。正如诺思指出的，专门化的增益越大，生产过程的阶段就越多，交易费用也就越高。交易成本的高低已经成为影响企业组织形式和生产方式选择的重要因素，决定着企业创新方式的选择。为了降低技术创新运作成本和风险，当用市场来组织创新时所花费的交易成本小于企业组织生产所花费的管

---

① 王秉余，钟国锋. 关于加快科技中介服务机构发展的几点建议 [J]. 科技展望，2015，（14）：246.

理成本时，企业就会选择市场去组织创新。诺思还指出，在技术创新过程中，技术、信息等的交流过程不是一个简单的直线交流，一个创新供应者会同时与多个潜在采用者进行交流，而同一个采用者也可以与多个供应者发生交流。如果每个企业在浩如烟海的信息汪洋里，单靠自己去完成搜寻、识别，则工作量巨大、成本极高；并且在鱼目混珠、真假难辨的市场里，寻求技术合作的风险也大，难以形成合作博弈，无疑大大增加了企业的交易成本。许多企业在技术创新过程中的某一环节或方面遇到了问题，均需要中介组织整合社会高度分工而产生的众多比较优势（体现为核心能力），互补互动。因此，技术市场及其主体科技中介组织可以极大地满足企业降低技术交易成本的这方面需求。

技术市场是商品经济发展的必然产物，技术成果转化为技术商品、进入流通领域所形成的各种经济关系就是技术市场。技术市场有狭义和广义之分。狭义技术市场是指进行技术商品交换的场所；广义技术市场是指在社会生产中，在技术商品交换过程中所形成的各种经济关系的总和。本书的技术市场是广义的技术市场，包括成果转让、技术咨询、技术服务、技术承包等多种形式的技术商品交易场所和交易活动。技术市场的形成和发展是一个客观的历史的发展过程。商品经济的发展和社会分工的日益细化导致了技术与生产的分离，技术成果的有偿转让为技术市场的形成创造了前提条件，社会经济发展对新技术的需求日益增长和科学技术本身的发展则创造了技术市场形成的现实条件。

熊彼特指出，技术创新必须以技术市场的高度发展为基础。他将创新看作是生产要素和生产条件重新组合的一组函数，认为这种新组合有五种情况：①引进新产品或生产出新产品；②使用新的生产方法；③开辟新的商品市场；④获得新的原材料或半成品供应来源；⑤实行新的企业组织形式。而这些新组合都离不开市场机制的作用。企业必须依靠高度发达的技术市场机制引进和使用新技术、新产品，才能顺利实现技术这一重要的生产要素的最佳配置。继熊彼特之后，曼斯菲尔德（Mansfield）等学者又对这一理论进行了补充和发展。

胡铁林、张孝军[1]等学者研究了市场机制对技术进步的作用，指出，建立技术市场的作用主要有以下两点：一是通过市场需求推动科学技术的进步和发展，二是通过市场机制实现技术的流动和转移，使技术作为生产要素商品通过市场机制进行

---

① 赵一心，刘政，侯永康. 政府支出、市场机制与企业 TFP 提升 [J]. 云南财经大学学报，2022，38（2）：85 –100.

交换。由于技术进步会促使技术市场不断完善和提高，因此，建立技术市场与技术进步是相互促进的。

熊兆铭、罗倩[1]等学者则探讨了技术市场的形成条件。一般商品市场的形成须具备四个条件：一是必须有商品；二是必须有消费者和生产者；三是这些消费者要有相应的购买力；四是商品符合消费者的要求。

技术市场的形成比一般商品市场更为复杂，不仅必须具备一般商品市场形成的四个条件，而且还要具备一些特殊条件：第一，要形成全社会的市场机制，使技术成为商品。技术作为商品是技术市场形成的基本前提，如果技术不能成为商品，那么虽然技术能够进行转移，但不能形成技术市场。第二，要有稳定的技术商品的生产者和供应者。技术商品的供应者主要有两类：一类是企业，其创新发明既可用于本身的技术改造，又可进入技术市场；另一类是专门从事技术创新的专业科研机构，两者源源不断地提供技术商品进入技术市场。此外，还要有一批独立的或附属的技术商品经营机构、中介服务机构，以及大量具有专业知识、既懂经济、又善于经营的技术商品经营队伍，以承担技术商品的销售、经营、中介、管理、信息等工作。第三，要有稳定的技术商品需求者和购买者。企业不仅要有技术创新的需求，还必须有一定的资金积累作为技术发展基金，才能真正形成技术商品的社会购买力。第四，要形成一整套技术市场的管理法规，实现技术交易法规化，充分保障技术市场中各方的权利和义务，保证技术市场的正常经营秩序，推动技术市场健康有序发展。

余燕春、年志远[2]等学者研究了不规范的技术市场对科技中介服务的影响。他们指出，我国以技术创新为核心的技术进步对经济增长的贡献率只有30%，与西方发达国家80%以上的水平有很大差距。同时，我国科技成果的商品化、产业化程度还比较低，每年科技成果的转化率仅有20%左右，专利实施率仅为15%，远远低于发达国家60%~80%的水平。其中，最重要的一个原因是由于中国技术转让市场操作不规范、技术市场交易费用过高、缺乏法律上的有效保护造成的。在技术开发或转让过程中，当技术方和企业方的利益发生冲突、形成"短路"时，如果有资金实力雄厚、经验丰富、能保障双方利益的中介组织从中斡旋，技术转让成功的概率则会大些。但是，中国技术市场的中介组织还不健全，仍处于管理无序、散兵出击

①　李文娟. 论技术市场的创新发展 [J]. 内蒙古科技与经济, 2021, (5)：11 - 12.
②　肖蕾. 科技服务中介机构参与下技术转移的演化博弈探析 [J]. 技术与市场, 2021, 28 (1)：47 - 48.

的状态，远没有起到其应有的作用、达到其应有的规模中介力量尚十分脆弱，。形成这种现状的原因主要有以下几个：①中介方财力、人力、物力有限，起不到其应有的作用。中介方的居中地位决定了它必须有足够的能量和凝聚力活动于转让方和受让方之间，并且能切实地保障双方的利益，在科技成果的转化过程中起到不可缺少的重要作用。但目前中介组织的作用仅限于牵线搭桥，当双方相互认识后，中介方的作用也随之消失。②中介方本身的利益得不到保障，转让方和受让方拒绝支付中介费的情况时有发生。中国的技术市场还很不规范，在许多情况下，中介方仍靠人际关系、个人情面等发挥其作用，而不是以法律为依托。在技术合作过程中，如果双方合作顺利，则中介方可有可无；一旦双方产生纠纷，中介方就和能无法解决，因此拒绝中介费的现象频频发生。③少数中介方不守信誉，只顾赚取中介费，而对合作双方的利益和合作结果不负责任，这在一定程度上影响了中介方的信誉。

第四节　科技中介服务与科技成果转化率研究

科技中介服务机构可以有效地降低交易成本，提高科技成果转化效率。霍普（Hoppe）和奥兹德诺伦（Ozdenoren）提出了一个科技中介参与下的交易者行为分析的理论框架，认为技术转移中介能够减少大学研究人员和企业间技术交易的不确定性和逆向选择问题。拉莫洛克 Lamoreaux 和索科洛夫 Sokoloff[1] 通过对美国 1870 年至 1920 年专利交易情况的考察，指出技术中介的作用在于通过节约技术专利价值评估成本（董正英，2005），促进技术专利买卖双方的成交。在技术流动、技术转移、技术引进和技术交易等过程中，科技信息始终存在着"不对称性"。信息的不对称性（Information Asymmetry）是指在交易过程中，合约当事人一方拥有另一方不知道或无法验证的信息和知识。科技成果的拥有者对技术的性能了如指掌，而科技成果的使用者往往对他所使用的科技成果不甚了解。技术市场运行中的一些关键环节，如技术交易方式的选择、合约选择、合约履行、交易费用等，均与相关的信息有密切的关系。科技中介机构可以对企业所购买的技术产品进行信息搜集、技术评估等服务。例如，科技咨询业可以为企业在科技信息、成果转化、市场调查、发展规划、战略运筹、财务分析等方面提供全方位的服务，这些服务无论是从经济

---

① 李广凯，文毅. 大型企业专利转让与交易探析 [J]. 中国高新技术企业，2013，(32)：4-6.

成本还是从服务效用来看，都是在市场经济条件下一种有效的组织结构，可以帮助技术买卖双方获得有效信息、降低信息成本、提供技术成交率。

董正英从交易成本理论出发①，分析了中国技术交易中逆向选择的生成机理，提出在一定的条件下，技术中介的介入可以提高技术市场的交易效率，促进技术成果转化。他指出，中国的技术市场还很不成熟。一方面，在市场化程度不高和市场不成熟的条件下，买方的信息来源一般是无序的、不完整的。另一方面，市场上的买卖双方大部分都不够成熟，而相比之下，由于文化、科技素质等原因，技术买方的成熟程度更低一些，对信息做出正确的判断和反应相当困难，不具备对技术信息进行甄别的知识和能力。

方世建②认为，科技中介服务机构的存在提高了技术市场的成交效率。他指出，在科技中介服务机构出现之前，技术市场交易也可以发生，但由于信息不对称的原因，技术卖方和买方往往是直接进行技术交易的。技术交易过程中有许多不确定的因素，技术卖方往往低估了卖给技术买方的技术价值，使技术应有的价值不能完全体现；而技术买方由于技术未来市场价值的不确定性难以成功实现技术的商业化。此外，技术买卖的双方也都存在着道德风险和逆向选择的问题，技术市场上常常出现低质量技术追逐高质量技术的现象，从而影响科技成果商业化的成功率，进而降低了技术市场的成交率。而科技中介服务机构的出现会降低这种不确定性，科技中介服务机构往往利用专业化分工的优势，根据经验性知识的积累，在市场化的竞争机制下对技术做出客观的评价。科技中介服务机构通过扩散高质量技术将技术买卖双方联系起来，成为技术扩散的重要桥梁，起到提高科技成果市场化的成功率和技术市场成交率的重要作用。

第五节 科技中介服务与中小企业技术创新研究

中小企业及其培育出来的企业家精神和风险意识，已经成为现代文明和市场经济的精髓。20世纪很多重大技术创新成果都是由中小企业创造的，如喷雾器、录音机、光纤检测设备、拉链等。中小企业技术创新的数量也大幅增长，美国中小企

① 王小茜. 交易成本理论研究述评 [J]. 现代营销（经营版），2021，(4): 112-113.
② 陈蕾. 新时期中国科技中介服务机构在创新体系中的角色定位 [J]. 市场周刊，2020，33 (12): 4-6.

业创新活动尤其活跃，创造的技术创新成果和新技术数量占全国总数的 55% 以上。中小企业，特别是中小型高技术企业依靠其灵活的运行机制及其对新兴市场的敏锐把握和大胆的冒险精神，创造了许多神话般的业绩，其技术创新在国家创新系统中的地位和作用也日益突显。

格尔德（Golder）和泰勒斯（Tellis）[1] 对第二次世界大战前后 36 种产品创新的风险性进行了研究，结果表明，率先创新的失败率分别为 44% 和 54%，模仿创新的失败率分别只有 12% 和 6%，模仿创新的风险大大低于率先创新的风险。率先创新成果的一些技术信息使模仿创新建立在有依据、有目标、有方向的基础上，因此可以大幅度提高模仿创新效率。我国中小企业由于技术起点较低，技术创新多集中在应用开发阶段，创新的模式一般采用模仿创新，通过购买生产许可证、进行逆向工程、查阅专利文献等形式获得。在应用研究中，查阅专利文献可以使研究时间缩短 60% 左右。从这个角度上说，提供专利文献查阅等服务的科技中介服务是模仿创新的基石。

谢勒尔（Scherer）[2] 等学者从企业规模角度对大、中、小企业的创新进行了比较，认为中小企业的科技创新活动更需要科技中介机构的支持。大企业对那些小的、不太重要的创新兴趣不大，而这些小的创新给中小企业的发展提供了机会。在一些小的、特殊的消费市场里，中小企业往往是唯一的产品和技术的提供者。同时，大企业的官僚体制不利于创新的风险投入，而中小企业决策机制比较灵活，更有利于根据市场的变化较快做出创新的决策。但中小企业往往在技术创新活动中需要获得大量的外部信息资源作为技术创新活动的支撑，需要科技中介服务机构为它们构建与大学、科研机构之间的联系。

阿科斯等[3]学者用技术轨道的转移来解释中小企业的兴起。他们特别关注企业家精神和创新对中小企业发展的影响，并且指出，工业化国家在 21 世纪进入了一个新的技术时代，市场的停滞和传统产业的萎缩使大企业面临重重困难；而与此同时，新技术带动了新的产业的出现和发展，为中小企业提供了发展契机，中小企业在创新的实验阶段，在技术诀窍的扩散，以及新产品、新设备、新方法的应用等方面都扮演了重要的角色。阿科斯的研究还表明，中小企业可以在自身投入较少的情

① 马桂芬. 供给侧背景下中小企业技术创新活动研究 [J]. 现代商贸工业, 2018, 39 (28)：40-41.
② 房青. 中小企业模仿创新战略研究 [J]. 陕西农业科学, 2010, (4)：159-161.
③ 刘勇, 王大兴, 李树蕾等. 中小企业技术创新模式探究 [J]. 科技创业月刊, 2021, 第34卷 (7)：71-74.

况下，主要借助大学、大公司的研究与试验发展投入所产生的知识和创新成果的扩散来进行技术创新活动。有资料显示，在美国，尽管中小企业研究与试验发展支出的回报率平均都在26%左右，但在没有大学参与的研究与试验发展活动中，中小企业的回报率平均只有14%；而在有大学参与的研究与试验发展活动中，中小企业的研究与试验发展支出的回报率达到44%，中小企业能够更好地利用大学和研究机构为企业技术创新提供条件、获取外部技术信息、提高合作水平、降低交易成本、成功实现技术转移，而中小企业获得外部技术信息的有效渠道就是通过科技中介服务机构建立的。

技术转移是中小企业技术创新活动的主要形式之一，相比较于大企业而言，中小企业更适合进行技术转移活动，这意味着中小企业的技术创新活动并不局限于技术的发明和创造，而更多的是在高技术成果的应用和商业化方面，中小企业的技术创新有赖于其与外界机构的密切合作和联合。此外，中小企业的技术创新往往需要外界在法律、资本市场、技术和信息等多方面给予帮助和指导，需要已有的技术基础设施的充分支持。科技中介以其拥有的智力、知识和信息资源协调各方的利益关系，为供需双方提供各种形式的服务，减少各自的交易成本，最终达成交易，以满足中小企业在技术创新过程中对降低信息成本和制度成本的需求。

第六节 科技中介服务与国家技术创新体系研究

技术创新的来源，特别是基础研究对技术创新的效用和外部技术对创新企业的重要作用一直是20世纪50年代后期以来理论界研究的一个重要问题。有研究表明，外部技术来源在创新过程中所占的比例处于34%～65%之间，外部技术对有研发机构和没有研发机构的创新者同样重要。也就是说，信息外部来源与企业自主创新之间不是完全的替代关系，而是具有互补性。社会分工与专业化使得企业和大学、科研院所对知识与信息的生产和拥有有所不同，它们之间的信息与知识交流并非总是通畅的，需要一个可以降低交流成本的组织机构——科技中介机构介入。

英国著名学者弗里曼在研究日本技术创新时发现，国家在推动企业的技术创新中起着十分重要的作用。他认为，近代技术领先国家有着从英国到德国、美国再到日本的更替和演变，其技术相互追赶和跨越发展不仅是自身技术创新的结果，更多的还有制度、组织创新的因素，是一种国家创新系统演变的结果。自弗里曼之后，国家创新系统的学说受到了许多学者的青睐。

20世纪90年代，国家创新系统的研究出现了重大的成果，如伦德威尔（Lunderville）主编的《国家创新系统：一种走向创新和交互性学习的理论》、纳尔逊（Horatio Nelson）主编的《国家创新系统：一个比较研究》等。纳尔逊对不同国家的创新系统做了一个详细的比较，但并没有给出一个明确的国家创新系统的定义，而是指出：国家创新系统是一系列的主体，它们的相互作用决定了一国企业的创新能力，这些主体不只是研究开发部门，还包括企业、政府和大学等。在研究过程中，纳尔逊比较注重法律等正式制度的作用，研究不同的制度如何解决创新扩散中私有部门与公共部门之间的矛盾。

1994年，经济合作与发展组织（OECD）启动"国家创新系统研究项目"，对多个国家的创新系统进行了大规模的研究，其相当于国家创新系统的"普查"，随之发表了一系列的研究报告。1997年，《国家创新系统》报告中指出："创新是不同主体和机构间复杂的互相作用的结果。技术变革并不以一个完美的线性方式出现，而是系统内部各要素之间的相互作用和反馈的结果。这一系统的核心是企业，是企业组织生产和创新、获取外部知识的方式。外部知识的主要来源则是别的企业、公共或私有的研究机构、大学和中介组织。"因此，科技中介机构与企业、科研机构、高等院校一样，都是创新系统中的主体。

经济合作与发展组织强调了国家创新系统，其意义深远，意在通过纠正企业因目光短浅而对技术开发投入不足，应制订创新的产、学、研合作计划和网络计划，建立创新中介机构，以纠正创新的系统失效。因此，建设国家创新系统时必须注意加强整个创新系统内的互相作用和联系的网络，包括加强：企业与企业间的创新合作联系，企业与科研机构、大学的创新合作联系；中介机构在各创新主体间的重要桥梁作用；政府在创新中的产业发展战略和政策引导作用，以及政府各部门在工作职能上的协调一致和集成。经济合作与发展组织同时指出，创新不再是一个简单的从新思想的产生到科研机构的开发，再到生产部门生产营销的线性过程，而是企业内部、企业和企业外部的科研机构、大学、中介机构、政府等诸要素互相作用与合作的结果。随着经济的发展，中介机构在各创新主体间的重要桥梁作用日益凸现，这也是中介机构得以迅速发展的基础，只有大力发展科技中介服务，才能更有效地促进企业的技术创新，尤其是中小企业的技术创新。显而易见，知识创新、技术创新、制度创新的互动以及其互动界面的中介作用是国家创新系统理论的价值所在，也是现代经济生活的动态演化方式。

以路甬祥为代表的中科院学者认为[①]，国家创新系统"是由与知识创新和技术创新的机构和组织构成的网络系统，其骨干部分是企业（大型企业集团和高技术企业为主）、科研机构和高等院校，广义的国家创新体系还包括政府部门、其他培训机构、中介机构和起支撑作用的基础设施等"。该定义将科技中介排除在主要创新主体之外。石定寰等学者认为，计划体制下的创新体系由政府、科研机构和企业三部分组成，在从计划经济向市场经济过渡的过程中，支撑服务部门（或中介机构）将独立出来，与上述三部分共同发挥作用。支撑服务体系包括工程技术中心、生产力促进中心、技术市场、创业服务中心等，其主要任务是促进科技成果的转化。

杜宏旭在《技术创新中介服务体系研究》[②]一文中根据技术创新的特征，通过对科技中介机构在国家技术创新系统中地位和作用的阐述，分析了科技中介的主要服务对象，剖析了科技中介的发展现状和存在的问题，探讨了科技中介机构向社会化公益机构转变过程中的体制问题，提出了科技中介在国家技术创新系统中应有的功能、机制和运行模式，以及战略对策与发展措施等。

学者们对技术中介服务机构在创新体系中的作用具有不同的理解。笔者认为，技术创新过程已从单向线性模式向多元交叉复合模式转变，即在创新过程中各类创新资源、各环节、各行为主体协同并行于技术创新的实现，表现为企业内部及内外创新资源的重组。创新的外部来源是研究机构、供应商、竞争者、用户、消费者和分销商等，这些机构与人员、创新企业形成协作关系之前，相互之间有一个搜寻、选择和被选择过程，经过博弈达成协作，最终完成技术创新。在技术创新过程中，某一环节脱节或某类资源缺失都需要通过科技中介组织来解决。科技中介服务可以降低创新主体的信息获取成本，综合众多合作主体的比较优势，互补互动，突破技术创新过程中信息、技术、管理和融资的壁垒，从而降低交易成本，极大地降低技术创新运作成本和风险，提高创新资源配置的效用。因此，在国家创新系统中，科技中介机构是知识和技术的供方与买方之间的桥梁，作为连接其他行为主体的"链环"，起到促进技术的转移或扩散的作用，是国家创新系统的重要组成部分。

杨燕玲、王晶华、罗琴等[③]学者对科技中介服务机构在国家技术创新体系中的作用做了归纳。他们指出，作为国家创新体系中的重要组成部分，科技中介服务机

①　许可，刘海波，张亚峰.技术转移机构模式创新——基于边界组织的路径拓展 [J].科技进步与对策，2021，38（5）：1-10.

②　吕微，法如.科技中介服务体系构建研究——以山西省为例 [J].技术经济与管理研究，2019，（10）：39-45.

③　孟晓娜.科技中介组织在区域创新体系中的应用研究 [J].环球市场，2018，（10）：373.

构发挥的作用主要表现为：

第一，优化创新环境，提高技术创新主体的创新能力。在现代社会的经济活动中，创新需具备四个基本条件，即风险资本、从事科研活动的基础设施、具备创新思想和创新能力的人才以及有利于激发创新"冲动"的创新文化。但是，由于技术市场中信息不对称，创新主体很难顺利获得信息、人才等各种创新要素，而中小企业更是缺乏对创新要素进行整合的能力。科技中介服务机构从创新主体的需要出发，在更大的范围内获取信息，通过筛选、加工等操作帮助用户实现创新要素的优化配置，以提高其创新能力。科技中介服务机构还为中小企业提供经营策划、管理咨询、融资渠道、人员培训、形象设计等专业化服务，以减少信息不对称对小企业造成的经营风险，缩短运转周期，降低运营成本，提高其竞争能力。

第二，建立中间转化渠道，提高科技成果转化率。我国科技成果的转化率较低，其中，重大科技成果的转化率只有10%。究其原因，主要有以下三方面：①科技成果不适应企业的需要，市场前景不好；②缺乏转化条件，科技成果搁置；③科研机构同产业界缺乏沟通，互不了解各方的资源和需求。因此，科技中介服务机构的存在将有助于对产业技术创新进行筛选、促进科技成果转化、帮助孵化出更多具有发展潜力的新企业、培育科技活动的市场化机制，以推动高新技术企业和产业的发展。世界上成功的科技中介服务发展经验表明，建立工程技术研究中心、生产力促进中心、创新中心、孵化器等科技中介服务机构将对科技成果做进一步的验证，并提供完善的工程化、中试和设计等方面的科技创新服务，从而大大加快科技成果向产业转移的速度，使科学技术真正成为第一生产力。

第三，发挥市场调节功能，实现生产要素的优化配置。科技中介服务的重要内容就是建立专业性或综合性的要素市场（如技术市场、人才市场、风险资本市场、产权交易市场等）。这些市场依据国家有关法规和政策，营造良好的政策环境，通过利益机制和有效服务，促进生产要素的有序、合理流动，协助用户进行生产要素的优化配置，实现集约化经营。

总之，作为解决买方和卖方信息不对称问题的关键、降低市场交易成本的媒介、连接科技与经济的桥梁，科技中介服务实现了科技资源的充分利用，将科技与经济统一，对国民经济的健康、快速发展起到了重要作用。

第三章 科技中介服务机构与技术扩散的关系

第一节 区域技术创新模式的演变

科技进步已经成为一个区域经济发展的主要推动力,而技术进步与技术创新、扩散联系紧密。区域的经济发展与技术创新有关,而且更重要的是,如何把科技成果转化为生产力,即实现科技成果的商品化。科技成果推广应用的重要途径之一就是通过科技中介服务渠道将技术创新转移,扩散出去。当今世界高新技术产业的高速发展、科技中介的兴起和壮大已经成为新时期技术经济发展的重要标志之一,科技中介服务对技术扩散的作用日趋显著。同时,区域技术创新扩散发展模式的演变也更加凸显科技中介服务在区域技术扩散中的作用。

二战结束后,全球区域和产业技术创新的模式发生了很大的改变,其发展主要经历了多个阶段。在每个阶段中,科技中介服务机构参与的程度均不同。

一、技术推动模型

技术推动的创新从基础研究开始,通过应用研究与制造,直到商业化的新产品在市场上销售,是一种简单的、线性的创新模式。这一创新模式在 20 世纪 50 年代末期到 20 世纪 60 年代中期得到发展、在这一阶段中,企业希望通过投入更多的技术研发以获得更大的市场占有率,科技中介服务机构主要的任务是将研究领域的技术推广到应用领域。

二、需求引动模型

学者们对 20 世纪 60 年代末期至 20 世纪 70 年代初期市场需求引动的技术创新进行了大量的实证研究,发现在该时期由于市场竞争激烈,创新程序首先进行市场需求分析，再返回研究开发，最后进入生产制造环节。企业经过一段时间的激烈竞争后，更加意识到市场的重要性。技术研发在企业的创新过程中不再扮演主动的角色，反而成为市场需求的被动配合者。在这一阶段，企业的策略主要环绕探究市场真正的需求是什么，科技中介服务机构的主要任务是帮助企业获得大量的关于技术创新的外部信息。

三、联合模型

联合模型是指创新主体在拥有或部分拥有技术发明或发现的条件下，在 20 世纪 70 至 80 年代，受到市场需求的诱发而开展技术创新活动的一种模式。实际上，由于技术与经济相互渗透，创新过程日趋复杂，涉及的因素也越来越多，从而很难断定技术创新的决定因素是技术推动还是市场需求拉动。在大多数情况下，成功的技术创新往往取决于科技和市场需求的有效联合。在这一阶段，科技中介服务机构成了科技与社会经济发展的联系纽带。

四、整合模型

尽管联合模型已经提出在创新模型内各要素之间存在着交互作用，但却忽略了随着时间发展，要素具有连续变化的特性。因此，在 20 世纪 80 年代中期至 90 年代，由于创新要素发展、变迁速度加快，企业开始重新思考创新策略，认为创新并非是利用单一要素的一个接一个的程序，创新过程需在企业内跨部门同时进行。这一阶段强调的是，创新模型内各要素应该具有平行且整合发展的特性。随着技术创新模式发生改变，科技中介服务机构的服务功能也不断扩展，并服务于创新的整个过程。

五、系统整合网络模型

罗斯韦尔（Rothwell R）指出，在创新的过程中，除了要进行内部系统整合，企业还需要与其他公司建立良好的网络关系，通过策略联盟或是联合开发的形式达到快速、低成本的创新。也就是说，企业必须考虑实际环境中所有存在的因素和结果，使公司任何部门都能得到更高效的发展。

该阶段的创新模式已经具有国家创新系统的雏形了，强调企业需要注意内在环境和外在环境的变化，采取适当的经营策略，但是仍然没有明确指出企业在建立竞争优势的过程中所不可缺少的关键环境——"国家"。当国家环境有助于某些产业发展时，国家便会随着产业而兴盛。企业的竞争更与国家息息相关。企业能否自由运作、特定技术人才的供应、本地市场的需求、本地投资者的目标等，都与国家息息相关。大环境的各种行为必然会影响企业的发展。

对企业而言，改进、创新、找寻更好的国际竞争方式、持续提升产品和流程技术的档次，是保持企业竞争优势的不二法门。而如果国家能提供这样的优良环境或协助，那么企业一旦获益，国家也会成为最终受益者。因此，"国家创新系统"的观念开始出现，除了用来找出影响国家竞争优势的各个关键因素外，更重要的是要能建立起最适合国家产业发展的环境与架构。

六、国家创新系统模型

1982年英国著名学者弗里曼在研究日本的技术创新活动时发现，国家在推动企业的技术创新中起着十分重要的作用。弗里曼认为，在人类历史上，技术领先国家从英国到德国、美国再到日本，这种追赶、跨越不仅是技术创新的结果，而且还受到制度、组织创新的影响。1987年，弗里曼提出了国家创新系统（National Innovation System）的概念，并借此解释了日本为何能成为战后经济最成功的国家。

自弗里曼（Freeman）之后，国家创新系统的学说受到了许多学者的青睐。纳尔逊在1993年主编的《国家创新系统》一书中，对不同国家创新系统做了详细的比较。纳尔逊在其主编的书和所写的文章中并没有对国家创新系统做出明确的定义，但他的"国家创新系统"中的"系统"是指"一系列的制度，它们的互相作用决定了一国企业的创新能力"。这种制度不只是针对研究开发部门，还针对企业、政府和大学等。在研究过程中，纳尔逊比较侧重法律等正式制度的作用，如不同的制度如何能解决创新和知识提供中的私有部门与公共部门之间的矛盾局面等。

近年来，经济合作与发展组织通过对国家创新系统的研究，明确了科技中介服务在国家创新系统中的地位。技术变革并不以一个完美的线性方式出现，而是系统内部各要素之间的互相作用和反馈的结果。这一系统的核心是企业，是企业组织生产和创新、获取外部知识的方式。外部知识的主要来源则是别的企业、公共或私有的研究机构、大学和中介组织。"显然，知识创新、技术创新、制度创新的互动，以及互动界面的中介作用，不仅是国家创新系统理论的价值所在，而且是现代经济生活的动态机制的表现形式。

OECD 强调国家创新系统的政策意义是纠正系统失效即纠正企业因目光短浅而对技术开发的投入不足，通过创新的产、学、研合作计划，网络计划，建立创新中介机构，以纠正创新的系统失效。因此，建设国家创新系统时必须注意加强整个创新系统内的相互作用和联系的网络。这包括加强企业与企业间的创新合作联系，企业与科研机构和高校的创新合作联系；中介机构在各创新主体间的重要桥梁作用；政府在创新中的产业发展战略与政策引导作用，以及政府各部门在工作职能上的协调一致和集成。

从技术创新模式的发展历程来看，技术创新模式的特征发生了两个最重要的变化。第一是技术创新不再全部发生在企业内部，需要企业和其他组织机构（企业、政府、学术机构、科技中介等）共同合作完成。这个过程的完成依赖企业和其他组织机构之间的相互作用，因而创新也就成为一种社会过程。第二是随着技术创新速度的加快，产品生命周期缩短，创新越来越受到各国企业和政府的重视。

大量的事实证明，创新是行为主体通过相互协同作用而共同完成的过程，是学习、交流的过程。在相互作用的过程中，科技中介组织起到很重要的作用。尤其是科技中介组织属于知识密集型服务业，已成为国家创新体系的重要组成部分。它的主要功能是在各类市场主体中推动技术扩散，促进成果转化，开展科技评估，创新资源配置，创新决策和管理咨询等专业化服务，在工业化进程中比其他中介组织更具有提升全社会科技创新能力的重要作用。

本节通过对技术创新模式的回顾，不仅能够对科技中介服务机构有了更深的认识，也能够更清晰地为科技中介服务机构进行功能定位，并且根据创新系统的要求更好地制定科技中介服务机构的发展战略。所以，国家创新系统理论成为科技中介服务机构发展的重要理论基础。

总之，技术创新不再是一个简单的从新思想的产生到科研机构的开发、再到生产部门生产营销的线性过程，而是企业内部、企业和企业外部的科研机构、大学、科技中介机构、政府等诸要素互相作用与合作的结果。伦德瓦尔（Lundvall）不断强调相互联系获得知识的重要性。技术创新系统主要由一些要素构成，包括企业、大学、科研机构和科技中介服务机构等，在生产、扩散和使用新知识方面相互作用。

技术创新设想来自多个渠道，来自研究、开发、销售、技术扩散的任何阶段。

随着经济的发展，科技中介机构在各创新主体间的重要桥梁作用日益突显，这也是科技中介机构得以迅速发展的基础。只有大力发展科技中介服务，才能更有效地促进企业的技术创新，尤其是中小企业的技术创新，从而进一步带动区域经济的发展。

第二节　科技服务机构对区域创新的影响

一、科技服务机构在区域创新系统中发挥着十分重要的作用

技术创新作为一个相互作用、不断发展的过程，其发展和运行效率在一定程度上取决于科技服务机构、科技企业等构成的创新网络，取决于网络中所有成员是否能合理地利用内部的技术资源以及通过相互合作进行的资源整合。创新技术根据来源可以分为原生技术和次生技术，这两种技术可以相互转化，都可以储存和流动。技术创新是经验类技术和编码化的技术交互作用的循环过程，企业是技术创新的重要载体之一，是接受技术扩散的重要"受体"，也是技术的重要创造者。

新熊彼特经济学说和进化经济学者认为，技术创新是技术不断进化的过程，根植于特定的社会、经济、政治和文化背景中，具有背景依赖性和系统性的特征。伦德瓦尔等学者认为，创新系统由影响新技术产生、扩散与合理利用的各个要素及其相互关系组成。

科技服务机构是为其他企业提供技术咨询、技术增值服务的企业，这也是它与销售、广告等传统服务企业的本质区别。科技服务机构是技术创新系统的重要组成部分，一方面通过发挥技术转移"桥梁"作用，提升其客户企业的创新能力；另一方面通过内部技术创新，促进区域高新技术产业的发展。科技服务机构的桥梁作用主要表现为：第一，从技术研发机构购买新技术（购买者）；第二，将新技术转让给客户（供应者）；第三，与其他机构联合开发新技术（合作者）。创新技术在科技中介服务机构与其客户之间的流动不是单向的，而是交互式的。科技中介服务机构一方面从客户处获得信息，以便为客户提供有针对性的技术方案；另一方面也借此增强了自身的技术储备。

技术中介服务机构有利于促进技术创新和技术扩散，是区域创新系统的重要组

成部分。在市场经济体制下，科技中介组织与各类创新主体和要素市场建立紧密联系，为科技创新活动提供重要的支撑性服务，在有效降低创新风险、加速科技成果产业化进程中发挥着不可替代的关键作用，对于提高区域创新能力、加速培育高新技术产业、推动产业结构优化升级，带动区域经济的发展起到了重要作用。

二、加快区域技术创新和技术扩散

科技中介服务机构的典型技术处理过程包括整合外部技术资源、获得相关信息解决具体问题以及根据客户企业的具体需求对技术进行编整等。施特兰巴赫（Strambach）[①] 通过考察科技中介服务机构与其客户企业之间的联系，将科技服务机构所进行的技术创造和扩散过程分为隐性经验类技术和编码化技术的获得、技术再结合（从外部新引入的技术资源与原有技术相结合而产生新技术的结合）、向客户转移等三个阶段。

技术扩散过程与科技服务机构的客户网络质量、技术创新能力密切相关。技术创新在服务客户的过程中产生，前一阶段引进的技术经过消化后成为科技服务机构下一轮引进新技术的基础。科技中介服务机构在服务客户的过程中技术积累不断增加，创新能力不断增强，服务新客户的能力不断提高。

锚定（Ancori）等学者指出[②]，技术的加工、再创造过程建立在科技服务机构现有技术水平的基础之上。科技中介服务不是一个简单的接送过程，而是一个根据客户需求对购买技术进行适应性改造，并以"模块"的形式提交给客户的再创造过程。也就是说，科技服务机构在服务客户的过程中，其自身技术储备不断扩充、市场竞争力不断增强，进而促成技术的持续创新和经济的增长。

霍克内斯（Hauknes）指出[③]，技术创新与扩散不仅与科技开发机构的技术开发能力有关，而且还越来越多地与科技中介服务机构及其客户网络信息交换的频率和质量有关。科技服务机构企业作为创新的桥梁与催化剂在创新系统中的作用越来越明显，在解决客户企业的技术难题、促进区域技术进步中发挥的作用越来越大。再全球化背景下，创新的产生和扩散越来越依靠新的技术知识，这些技术知识不仅在内部研究实验室的研究过程中产生，在很大程度上也来自日常其他各种创新主体

① 夏菲. 健全科技中介服务体系 促进科技成果转化 [J]. 科技创新与应用, 2021, 第11卷 (27)：187-190.
② 刘玉. 我国科技中介服务体系的建设与发展 [J]. 河北企业, 2018, (10)：116-117.
③ 胡琼, 胡晓艳. 我国科技中介服务体系建设路径探究 [J]. 中国高新区, 2018, (19)：2.

的相互作用和相互联系，科技中介服务机构为提供这样的交流平台起到了重要的作用。科技中介服务机构越来越明显地成为沟通大学、科研机构和企业之间信息交换的桥梁，及时向技术需要者提供所需要的技术，向技术提供者提供技术转移的平台。

三、促进中小企业技术创新活动

中小企业在创新过程中面临许多困难，如资金不足、管理不善、创新技术信息和实际经验缺乏。企业创新失败不仅是机遇不好，而更多的是与企业的营销与研发效率、销售与研发的协作、交流能力、组织水平、对创新能力的重视程度等管理水平、能力直接相关。换句话说，对于大多数中小企业来说，要在创新过程中获得成功不能仅仅依靠内部的研发部门，而要更多地依赖外部的科技信息。因此，将外部与内部科技资源相结合的能力是企业竞争能力的重要组成部分。

科技服务机构是提升中小企业创新能力的助推器。科技中介提供的产品和服务不同于一般产品或服务，包括考察和分析客户的问题、进行初步诊断和参与问题解决的过程，对提高其客户，特别是中小企业客户的创新能力发挥着十分重要的技术中介、合作创新的作用。科技服务机构与中小企业之间的相互作用包括自身强化、技术储备扩充、企业竞争能力提升三个相互关联的环节。这种相互联系不是单向的，而是在一个技术积累环中相互作用的，有利于提高各自的创新能力。

第三节　科技中介服务机构在技术扩散中的作用

发达国家有关技术扩散的实证研究表明，以政府命令形式将某些国立实验室耗巨资所获得的高技术扩散至私营部门的进展极为缓慢。究其原因，主要是因为在科学研究与试验发展及和新技术市场的管理上存在障碍，缺乏有效的政府科技中介服务机构加快技术扩散的政策。杜洪旭等[1]学者进行了进一步分析，发现这种高技术扩散的最大障碍竟然来源于潜在采纳企业对政府官僚作风所产生的天生敌意。很多企业普遍认为政府的工作效率较低，对市场的信息反应较慢。因此，制定有效的科技中介服务机构相关政策，建立多元化的依靠市场运作的科技中介服务机构对于加速技术扩散的进程影响较大。

---

① 李晓红，黄亚飞. 我国科技中介服务机构存在问题与发展对策 [J]. 现代企业，2018，(8)：110-111.

一、有助于完善技术市场体系

技术市场的主要功能之一是技术交易。由于技术交易市场本身具有信息的不对称性、技术产权的易逝性、技术合约的不完全性等特点，而且交易的技术商品是以知识形态存在的一种特殊的商品，具有无形性、使用价值的间接性、共享性、增值性和评估的困难性等特点，其买卖方式远比一般商品复杂得多，绝大多数的技术商品需要经过多次的咨询、洽谈、调研、论证或实施后才能完成其买卖过程。

通过完善的技术市场，科技成果能更好地市场化、商品化，技术转移的成功率将提高。在完善技术市场体系的过程中，科技中介服务机构有着不可低估的作用。一方面，科技中介服务机构是技术市场的重要组成部分，主要功能是为技术成果商品化提供各种服务，利用科技中介服务机构的专业分工优势减少当事人双方搜寻技术信息的成本；通过订立和履行技术经纪合同，促进当事人一方与第三方订立技术开发合同、技术咨询合同、技术转移合同和技术服务合同。另一方面，科技中介服务机构通过全面的专业化服务，减少双方的执行和监督成本，促使技术合同双方当事人履行技术合同。

二、有助于促进技术市场的商品流通

科技中介机构是各种创新主体的黏接剂和创新活动的催化剂。科技中介服务机构以多种组织类型存在，每一类组织都是构成技术市场体系中的要素之一，通过它们可以不断增强技术买卖双方之间的信息沟通和联系，借助有效技术商品信息的时空传递促进技术信息的流动和技术商品的流通。在以技术、市场为驱动力的市场经济中，高效率的科技中介机构的存在，能大大活跃和促进企业的技术创新，从而促进国家的经济发展，提高整个国家的经济竞争力。科技中介机构活跃于技术需求者与持有者之间，加速了大学、研究机构和企业间的技术流动，并通过进行技术搜寻、评估和传播实现了创新体系内在的有效联系。

三、有助于促进技术成果转化

在技术创新过程中，由于最初技术本身创新的主体为大学、科研机构等一些智力密集的部门，社会专业化分工使其专注于新知识和新技术的产生，但往往由于其不具备一系列技术创新过程所需的各种资源（尤其是管理创新中的资源）而必须通过市场进行配置。因此，创新主体在技术自身创新和管理创新之间转换时经常通过技术出售、转让、合作等多种形式发生技术成果产权的变化。技术产权发生变化是社会分工的必然，在发达国家表现得十分突出。

四、有助于技术扩散的渠道拓展

由于技术成果产生和转化过程本身是一个知识创造的过程，具有高度不确定性，因此，技术转化为现实的生产力较之其他经济过程要复杂得多。此过程往往涉及技术商品化，把实验室成果变成市场需要的产品或服务；产品社会化，通过企业运作把产品或服务进行规模化生产，以可接受的成本把产品提供给广大用户；技术扩散，对于新的工艺技术、新材料和"软技术的扩散"，如新的经营概念、管理方法、管理软件。技术成果的交易比一般市场交易凝聚了更多的技术和知识含量，技术交易的复杂性和技术交易成果的间接性决定了技术中介活动难以获得，导致技术中介活动的价值难以在市场中实现，这就需要科技中介服务机构提供专业化的服务。

此外，大学和科研院所是技术创新的源头，然而，它们研究的科研成果受研究目标的局限，离市场和科技成果实现商品化具有一定的距离，需要科技中介服务机构建立起高校、科研院所与市场之间信息交流的通道，加快大学、科研院所的科研成果向企业进行技术转移、科技成果转化和高新技术产业化的速度。目前，中国科技、经济"两张皮"的现象严重，发展科技中介将有利于整合和组织大学和科研院所的科技资源，开发和扩散行业共性技术，参与企业技术创新体系建设，促进技术转移和科技成果转化，加强国际技术交流与合作。

五、有助于中小企业获得外部技术

创新需要各个主体之间的信息交流与合作，但往往各个创新主体之间缺乏这样的沟通渠道与平台。通过科技中介服务可以实现合作创新，整合各个创新主体的资源，促成共性技术开发；也可以通过科技中介服务，加强创新主体互相之间的交流、合作与学习，促进企业技术进步与开发。

技术创新不仅仅是"技术"的创新，而且是一个实现技术商品化、新型公司的设立成长、人才的培养等不同方面的综合过程，不同创新侧重点需要的资源是不一样的。科技中介可以满足创新过程中不同方面的需要，提供不同的服务。

对于许多中小企业来说，为了满足技术创新成功的需要，仅仅依靠其内部的科学研究与试验发展是不够的。中小企业的创新能力主要依赖外部的信息资源，内外资源的联合是改善中小企业技术创新能力的重要途径。技术创新的成功实现是一个涉及多过程、由多主体参与的复杂动态过程，需要多种创新资源。而创新主体拥有的资源往往十分有限，并且由于创新资源的分散性，单一创新主体通常不具备创新所需的一切资源。因此，创新主题需要通过科技中介整合创新资源，以促进创新绩效的提高。对于中小企业来说，科技中介服务机构大大促进了其技术创新活动。在现代生产方式从福特式大规模生产向后福特式生产转变的新产业模式中，中小企业将凭借其灵活的生产方式占据统治地位，成为区域技术创新的重要力量。

总之，在技术创新方面，中小企业具有明显的缺陷与劣势，如信息不灵，缺乏管理知识、人才，技术能力差、难以确定核心业务，缺乏技术协作、信息协作和战略联盟，资金不足、融资能力有限等，这些都需要凭借科技中介的力量来弥补。

第四章　科技中介机构的发展策略

第一节　科技中介机构的典型服务模式

中国科技中介的主要形式有：生产力促进中心、企业孵化器、科技咨询和评估机构、技术交易机构、创业投资服务机构等。这几类组织是中国科技中介体系的核心部分，也是整个国家创新体系的重要组成部分。按照从技术创新和创新扩散角度对科技中介机构的分类，本章也将这些典型科技中介机构分为四类进行讨论。

一、为技术创新活动提供投入要素

（一）生产力促进中心

1. 中国生产力促进中心概况

在中国目前的情况下，挂靠政府的科技中介机构是中国科技中介的主体部分，是整个科技中介服务体系的核心力量，生产力促进中心又是这一核心的核心。生产力促进中心是中国在深化科技体制改革过程中创立的与国际惯例接轨的新型技术创新与社会化科技中介服务机构。1992 年，中国成立了第一家生产力促进中心，历经十多载春秋，中国已建立各级生产力促进中心 850 多家，从业人员 1 万多人，拥有的资产总额达 30 多亿元，为 6 万家企业提供了各类服务。

2. 生产力促进中心的定位、性质和作用

中国生产力促进中心是在深化经济、科技体制改革过程中产生的新型技术创新与服务机构，是不以盈利为目的的特殊事业法人。在表 4－1 所示的四类生产力促进中心中，第一类在中国占主导地位。区域生产力促进中心基本挂靠在各级政府科技部门下，省级挂靠在省科技厅，市级挂靠在市科技局；一般是独立的事业法人，是实行企业化运作的事业单位，是非营利组织，属于典型的科技中介。

表 4 – 1　中国生产力促进中心的构成

区域性生产力促进中心	生产力促进中心覆盖了全国每一个省、自治区和直辖市，绝大部分大中型城市及部分小城市
国家部委下的研究院生产力促进中心	首批转为中央直属大型科技企业的家大院大所中，目前已有机械工业部科学研究院等家院所组建了生产力促进中心，另外，家院所也正在积极组建之中
行业生产力促进中心	如稀土行业、化工行业、渔业、电工材料行业等。目前，各行业不断建立生产力促进中心，成为中国生产力促进中心数量增长的主要源泉。
国有特大型企业生产力促进中心	如中国石化集团齐鲁石化公司等

生产力促进中心的作用可以概括为三方面：一是政府部分职能的延伸。随着市场经济制度的确立，政府从直接参与经济管理转变为以宏观调控为主的间接管理。在科技方面，生产力促进中心行使了部分原来由政府行使的职能。二是中小企业技术进步的有力支撑。每个地区的生产力促进中心都是当地连接企业与科技界的桥梁，也是一个汇集、整合科技资源与信息的平台，在推动中小企业技术创新方面发挥着不可替代的作用。三是科技成果转化的推进器。总之，背靠政府，面向企业，组织社会科技力量，为广大中小企业提供综合配套服务，协助其建立技术创新机制，增强其技术创新能力和市场竞争力，促进科技与经济的有机结合，提高社会生产力水平是生产力促进中心的作用。

3. 生产力促进中心的功能

大部分生产力促进中心提供的服务项目大致相同，主要有如下项目：

（1）作为政府施政助手，接受政府的委托，行使管理职能。如内蒙古自治区生产力促进中心"自治区科技风险基金""自治区中小企业创新基金""北京—内蒙古科技合作基金"的管理职能。

（2）为企业申报国家科技型中小企业技术创新基金提供咨询、项目可行性编写服务。

（3）提供高新技术企业评审咨询。

（4）提供企业诊断咨询服务。

（5）为中小企业提供技术、管理、经营等高层次人才培训。

（6）科技查新服务（有的生产力促进中心没有此业务，而由科委另设一个信息中心提供此服务，如大连市、青岛市）。

（7）协助企业开展技术改造、技术创新和技术达标活动。

（8）提供咨询和培训，协助企业通过 ISO9000 质量体系的认证。

（9）举办网站，建立一个综合信息平台。

4. 生产力促进中心运行出现的问题

生产力促进中心在运行过程中主要可能出现以下问题：

（1）缺乏切实的政策支持。国务院转发了由科技部、中央机构编制委员会办公室办公室、财政部和税务总局联合出台的《关于非营利性科研机构管理的若干意见（试行）》，但非营利性科技服务组织的相关政策尚未出台，生产力促进中心缺乏向非营利组织转制的政策支持。

（2）缺乏法律的有效保障和约束。从对非营利组织如中介组织法律法规的统一性要求看，中国有关非营利组织的法律法规尚不健全，向非营利组织转制后的生产力促进中心也同样存在这一问题——缺乏法律的有效保障和约束。单靠《关于非营利性科研机构管理的若干意见》，还不足以奠定生产力促进中心的法律地位，何况该意见还是试行稿，这在某种程度上为生产力促进中心向非营利组织转制带来了隐患。

（3）未得到普遍认同。中国缺乏对非营利组织的了解，缺乏对非营利组织在社会、经济发展中存在价值的认同，许多急需帮助的中小企业还没有寻求生产力促进中心服务的意识。一方面是因为中小企业缺乏对非营利组织的了解，缺乏对生产力促进中心职能作用的认识；另一方面是因为生产力促进中心为中小企业的服务还没有得到普及。所有这些因素在客观上为今后非营利性生产力促进中心的发展带来了阻力。

（4）资金途径单一。缺乏有效的资金途径是非营利性科技组织发展受到限制的主要原因之一。中国非营利科技组织还没有享受"按发达国家标准"应当享受的税收优惠政策，只享受了与国家科研单位相同的有关技术开发的"政策倾斜"优惠。这种优惠对于诸如硬科学性质的非营利组织尚能基本满足其需要，而对于软科学性质的生产力促进中心就显得"经济压力过于沉重"。据不完全统计，中国此类机构（软科学性质的非营利组织）能满足科技劳动力"简单再生产"基本费用的只占

65%，而能满足"扩大再生产"基本费用的则仅有 15%，多数机构处于经费"饥饿状态"。从目前的情况看，此类机构的经费来源主要是政府，而政府所支持的经费不足，并且社会募捐的时机和氛围还不成熟，这使得资金短缺成为生产力促进中心这一类非营利科技组织发展进程中最为现实的困难。

（5）自身发展乏力。生产力促进中心服务能力不足，缺乏非营利事业所要求的高素质管理和技术人才，不能满足中小企业日益强烈的服务渴望，是转制过程中生产力促进中心存在的重大问题。大部分生产力促进中心对外宣称其提供管理咨询服务，但是这方面的人员都是兼职，生产力促进中心本身没有这方面的人才。

（6）内部运行缺乏经验。由于生产力促进中心在中国运行的时间不长，在组织的运行机制上缺乏经验，需要在借鉴别人经验的基础上进一步探索和创新，这对转制中的生产力促进中心来说是一个严峻的考验。最明显的表现是国家并未提供生产力促进中心运行的典范，各地区经营模式很不一样，提供的服务也不完全一样，如中国的国家级示范生产力促进中心一般是每个中心有每个中心的特色，各个地区、各个行业的生产力促进中心都在不断探索发展中。

（7）正因为运行缺乏经验，导致各地区生产力促进中心发展不平衡。大者如贵阳市生产力促进中心拥有 6 家公司，资产达 1.2 亿元人民币；小者如一些小城市的生产力促进中心，几十平方米的办公场所，几乎没有发挥作用。

5. 生产力促进中心发展的对策和建议

针对以上出现的问题，为保证生产力促进中心正常、健康的发展，我们提出了以下对策和建议：

（1）尽快立法，在法律上明确非营利组织的地位。生产力促进中心作为非营利组织的一个类型，在中国存在已有十多年之久，明确的法律将有利于其定位、优惠政策和其他方面，从而使其健康、稳定、长期的发展。已有的政策、法规和试行条例还须进一步加以完善。

（2）生产力促进中心等非营利科技组织要遵循自身的发展规律，本着"背靠政府、依托科技、服务社会"的原则，积极培育、强化组织的服务能力。非营利科技组织中生产力促进中心只有在"服务社会"的过程中，才体现出组织存在的价值；也只有在为社会服务创造价值的时候，才有可能得到社会的支持。只有寻找到足够的项目，"背靠政府、依托科技"才有坚实的基础，生产力促进中心等非营利科技组织才有可能得到发展和壮大。

（3）生产力促进中心的运行模式要不拘一格。由于每一个生产力促进中心的具体情况和环境不同，其运行机制和运行模式也就不可能一样。如有的机构采用目标责任制，有的采用承包责任制；有的全面发展业务，有的根据本地产业结构重点发展几项服务业务。总之，生产力促进中心的运行模式以是否有利于运行目标的实现为标准。

（4）生产力促进中心要借鉴发达国家非营利组织的实践经验，建立起"开放、流动、竞争、协作"的运作机制，并进一步发挥生产力促进中心协会的作用。中国生产力促进中心可以学习和借鉴发达国家的先进经验，全面了解发达国家非营利组织从事中小企业管理和中介服务的机构概况、运行模式及有关的先进经验。

（5）生产力促进中心应加强和完善管理制度。首先，生产力促进中心要建立和完善监督制度，有效的监督是事业健康发展的重要保证，是防止由于"一长负责制"导致腐败行为的有效途径。其次，生产力促进中心内部应全面推行聘任制，实行竞争上岗，做到岗位流动，建立公平的竞争机制，充分调动职工的积极性，实现人力资源的合理配置。第三，生产力促进中心应加强对分配制度的改革探索，做到按岗定酬，按任务定酬，按业绩定酬，做到在工资总额包干的情况下自主确定内部分配方案。

（二）企业孵化器（创业服务中心）

1. 中国企业孵化器的发展概况

企业孵化器，又称未创业服务中心，是于 20 世纪 50 年代末，伴随着新技术产业革命的兴起而发展起来的。企业孵化器是中国高新技术产业技术创新体系的主要组成部分，是促进科技成果转化、培育和发展高新技术企业和企业家的基地。目前，中国已经出现了一批创办成功，具有"品牌效应"的创业服务中心，如西安、武汉等地的创业服务中心。

2. 中国企业孵化器的服务内容和性质

中国企业孵化器的服务功能与生产力促进中心的情形不一样。各生产力促进中心尽管服务内容不完全一样，但是定位一致，所以服务上的差异只是经营上的差异所致，而各孵化器则不同，其定位并不完全一样，导致功能大相径庭。

企业孵化器服务的对象是中小型高新技术企业。通过的调查了解到，"经典综合型企业孵化器"的具体服务功能，一般包括如下几项：

（1）申报认定服务，即帮助申报高新技术企业，认定是否是留学人员等。

（2）提供融资服务，主要有风险投资、贷款担保、政府扶持资金申请。

（3）培训服务，主要是外请专家培训。

（4）中介服务，即作为中介的集成，给企业介绍需要的科技中介。

（5）物业服务，主要包括收取房租金、打扫卫生、安装宽带等。

经典综合型企业孵化器中绝大多数都隶属于某个政府部门，是不以盈利为目的的科技事业单位。一般根据隶属的部门分为两种：一是当地高新技术开发区管委会的直属单位，占大部分；二况是当地开发区管委会的直属单位（少数）。经典综合型企业孵化器一般实行企业运作管理模式，自负盈亏，政府支持。

企业孵化器和生产力促进中心有密切的联系，有很多服务项目是重复、雷同的。通过调查，我们认为出现这样的现象是正常的，因为有很多地区没有企业孵化器，只有生产力促进中心，而有的地区正好相反，所以两者实现了互补。在有些地区既有企业孵化器，又有生产力促进中心，业务仍然雷同，这主要是因为在经济发达地区对科技中介的需求较为旺盛的缘故。但是，经典综合型企业孵化器和生产力促进中心两者仍然有本质区别：一是生产力促进中心本身没有自主场地，不能提供企业孵化服务，而企业孵化器基本的核心职能是提供场地和其他条件孵化中小型企业。二是企业孵化器的形式和组织多样，但生产力促进中心一般是国有事业单位。

3. 企业孵化器的宗旨、作用和优势

企业孵化器的宗旨是：为创业者提供良好的环境和条件，帮助创业者把发明和成果尽快形成商品进入市场；提供综合服务帮助新兴的小企业成熟、长大、形成规模，为社会培养成功的企业和企业家。

企业孵化器作为一种科技中介，具有科技中介的一般作用；同时，它还有自身的特殊作用，概括如下：

（1）有利于解决科技与经济脱节的现象，利于构筑产学研联盟的纽带。

（2）加速科技成果转化，推动技术创新。

（3）是区域经济成长的发动机。

（4）是培育企业家的学校。

（5）是企业国际化的"窗口"。

（6）是高技术产业成长的支撑点。

（7）是国有企业改革的试验场所。

企业孵化器作为一种科技中介形式在全世界广泛流行，有着其他科技中介形式不可比拟的优势：

（1）企业孵化器良好的社会环境和文化氛围可以使知识和人才的价值在这里得到比较充分的体现，使人才的作用在这里得到充分发挥。

（2）企业孵化器有利于形成比较完善的软硬投资环境和条件。除加强基础设施建设、完善区内功能配套外，还可以为强化企业和产业服务、构筑市场条件、培育市场体系，形成一整套的管理服务办法，调动科技人员的积极性。

（3）有利于形成良好的政策环境。各企业孵化器根据国家有关规定制定并出台了较为完备的政策法规体制，支持科技人员创业。

4. 对企业孵化器实施的优惠政策

企业孵化器的生命力取决于两个因素：一是企业孵化器的优惠政策；二是提供的服务。只有采取合理的优惠政策，才能吸引中小企业进驻企业孵化器。中国各地的企业孵化器优惠政策不尽相同。

《中华人民共和国外商投资企业和外国企业所得税法》中规定：生产性外商投资企业（包括合资、合作和独资），经营期在十年以上的，从开始获利年度起，第一年和第二年免征企业所得税，第三年至第五年减半征收企业所得税，简称"两免三减"政策。除此之外，国家对国务院批准的高新技术产业开发区内的企业，经有关部门认定为高新技术企业以后，按15%的税率征收所得税，自投产年度起免征所得税两年。这是两项核心的优惠政策。

此外，大部分企业孵化器对进入的企业有如下政策：第一，优先获得国家中小企业技术创新基金、省市软件产业发展基金，以及省科技厅、市科技局和高新区种子基金、风险投资、担保基金、科技三项费用等。第二，低房租优惠。如沈阳创业服务中心的房租标准价为每平方米1元/天，由留学生创办的企业、软件开发企业可享受一定面积的免房租优惠。一般科技企业，入驻第一年可享受标准价40%的优惠，第二年可享受标准价70%的优惠，第三年按标准价交纳。物业管理费用低于同类地域及同等条件下的价位。第三，留学人员、教授有相关优惠政策。除此之外，就是地方性的优惠政策，如沈阳创业服务中心对经认定的软件企业，给予实际增值税率3%的优惠；哈尔滨高科技创业中心对于认定的高新技术企业在国家免去两年所得税的情况下，再免去一年。此外，各地的企业孵化器还在解决户口、住房、生活条件等方面继续努力。

5. 企业孵化器的运行模式

当前，中国企业孵化器按照所有权性质主要分为：事业企业型孵化器和企业型孵化器。那种完全靠政府投入的孵化器在中国已经基本被淘汰了。事业企业型孵化器是中国孵化器的主体，相当于前面所说的经典综合型企业孵化器。下面对这两种形式的孵化器运行模式进行说明：

（1）事业企业型孵化器。其投资主体为政府或者社会团体。其经营形式为政府委托经营或者企业经营，即常说的事业单位企业管理形式。其经营目标是政府给予一次性投入后，形成资产运作，通过已拥有的资产运作，实现收支平衡。

（2）企业型孵化器。它完全按照企业方式经营运作，把建立企业孵化器时的投入作为经营资本，自负盈亏，以资产增值保值为经营目标，以孵化培育创业企业作为经营手段。其投资主体多元化，以企业为主，由政府和其他社会团队参与，组成股份制投资结构。

在某些经济较为发达的地区出现了"官助民办"性质的企业孵化器，介于事业企业型和企业型之间，风险和收益均由政府和民营企业共同分担，如大连市出现的几家"官助民办"的企业孵化器。

企业孵化器的收入来自于在孵企业缴纳的租金和服务费，但是一般企业孵化器对在孵企业采取扶持政策，以低于市场价的租金供企业使用，并提供多项免费服务，所以企业孵化器获得的收入要少于孵化成本，这是中国当前企业孵化器的共同症状。

6. 企业孵化器运行出现的问题

中国企业孵化器面临的主要问题是功能不能有效发挥。出现问题的原因有二：一是经验欠缺和相关改革不能配套的问题；二是由于企业孵化器这种现代市场经济组织形式与中国现存体制和经济发展状况存在矛盾和冲突，是制度方面的问题。具体如下：

（1）行政色彩太浓，不符合企业孵化器的市场化发展要求。企业孵化器的中心任务是帮助创业者开创和发展企业，要求企业孵化器本身就是一个具有开拓精神的健康向上的企业，其产品就是具有活力的新创企业。因此，企业孵化器本身的发展必须有足够的开创性和进取性，要不断根据市场需求调整自己的服务供给，保证自身高效、灵活的运转。西方企业孵化器的经营者大多是成功的企业家，他们通过为多家企业提供孵化服务而获得经济效益。企业孵化器实际上是产业分工活动的深化。企业孵化器本身适应市场能力的强弱是其功能能否得到发挥的关键。

中国企业孵化器是在政府的大力支持下发展起来的，具有浓厚的行政化色彩。中国大部分企业孵化器是由政府独资兴建的，民间资本和外国资本介入太少，它的建立和发展是在一个专门机构——国家科学技术委员会火炬办公室的指导和协调下进行的，这是世界上绝无仅有的。为了规范企业孵化器的发展而制定的《关于中国高新技术创业服务中心工作原则意见》，对企业孵化器的性质、任务、创办条件、享受的优惠政策、管理办法等进行了具体规定，该办公室每年计划认定一批国家级企业孵化器。政府单一投资主体的孵化器实际上还是国家的事业单位，孵化器的管理人员还是准政府人员，如各地企业孵化器大多是作为地方科学技术委员会或高新区的一个下属部门，企业孵化器的主任和员工都是国家干部，因此缺乏创造利润和价值的激励和紧迫感。这些企业经验甚少的干部难以指导在孵企业进行市场开拓方面的创新，一般都是用减免税收、房租等优惠政策帮助企业，长此以往将孵化出一批依赖优惠政策的懒汉，将影响孵化器功能的正常发挥。

（2）企业孵化器的硬服务重复过多，软服务太少，层次低，各地发展企业孵化器时一哄而上，数量虽多但质量不高。中国企业孵化器的发展虽然只有短短的十几年，但数量已居世界第 2 位，仅次于美国。但是，有些地区的企业孵化器已经出现了盲目建设和重复建设的现象。而这些孵化器的主要服务项目就是提供场地、设施，免水电费等，而入驻孵化器的企业最迫切的要求则是希望得到企业经营管理、市场开拓、科研导向、融资选择等方面的软服务，而不是目前中国孵化器的提供场地、设施，免水电费等，因此二者在服务的供给与需求上有较大的出入。中国孵化器之所以提供软服务太少，究其根本原因是缺乏人才。企业孵化器应是将科研人员与企业家有效地结合起来，利用企业家洞察市场机遇的敏锐眼光，帮助科研人员选准研究方向、把握科研成果的"市场商机"的中间组织。可以说，企业孵化器是各类人才的聚集地，需要一大批熟悉科技企业运营、懂风险投资、了解国际贸易管理、善于人际沟通和市场策划、精通技术开发和应用的综合性专业人才，一流孵化器绝对需要一流的人才才能构建出来。因此，企业孵化器不是拥有大型建筑和硬件条件的房地产经营商或领取政府津贴的行政机构，其本质上是优秀的科技精英与一流的企业的合作，孵化器应以提供软服务为自己的生存之本。显然，目前中国企业孵化器的人才缺乏成为制约其发展的瓶颈。

（3）规范化、宽松的市场环境要求与中国企业孵化器面临的低级市场状况之间存在矛盾。企业孵化器是一种比较高级的企业组织形式。它的发展和功能的发挥是以市场经济的规范化发展为前提的。企业孵化器实际上是以其创意为杠杆，选择性地吸引和组合外部的体现于资本的企业能力，以实现其潜在价值的一种经济组织。这种经济组织能使在孵企业少走弯路，减少干扰，倾全力发展自己的核心企业能力。这种经济活动是产业分工的深化。由于分工的作用，企业孵化器能从总体上降低企业的交易成本，使企业在不确定性的经济社会中减少创业风险。这一切均有一个前提条件：孵化器的外部市场环境必须是规范、宽松的。规范、宽松的市场环境包括：第一，平等竞争的市场的建立，要求所有企业在市场竞争面前，人人平等。第二，各种要素市场、中介服务市场的规范化发展。要素市场主要是指资金、人才、劳动力等市场；中介服务市场是指会计、审计、法律等服务市场。第三，比较强大的物质、技术基础。企业孵化器作为国民经济的新兴产业之一，其兴旺发达和功能的发挥还取决于整个国民经济的运行态势。一个朝气蓬勃的宏微观经济环境将有力地促进孵化器的发展。目前，制约国民经济发展的深层次问题并未得到根本缓解，如国有企业改革没有取得突破性进展，贪污腐败未有效遏制，收入分配差距过大，矛盾短期内难以消除等。处于低迷状态的国民经济制约了企业孵化器功能的正常发挥。

7. 企业孵化器的发展

（1）企业孵化器的发展目标。面对市场经济的机遇与挑战，特别是在中国加入世界贸易组织之后的全球化竞争，中国的科技企业孵化器需要走向多元化、市场化、效益化、专业化、资本化、品牌化、网络化和国际化，才能赢得更强的竞争力，才能孵化出更多更好的创业企业。

多元化是指由单一的经营方向向综合化经营方向转化。目前，中国企业孵化器大多向企业提供场地、投资顾问等较单一的服务，而综合型企业孵化器不仅向创新企业提供办公场所和相应服务，还向在孵企业提供风险投资、风险担保，并对在孵企业进行参股经营等。这种综合型的孵化器本身具备了独立的投资功能，既是创业者、经营者，又是投资者，具有多重身份。

除了服务的多元化以外，中国企业孵化器还要注重开发。企业孵化器的功能要向两端延伸：一方面，要积极与大学、研究机构和大型企业开发部门开展多种形式的合作，推动技术开发与市场的结合，以企业家的眼光，指导在孵企业的研究、开发方向，避免不必要的浪费。经济学意义上的科技进步必须是能有市场占有率，能取得盈利，个人劳动能转化为社会劳动的科研成果，因此，必须强化企业孵化器对科研开发的指导作用，避免盲目性。另一方面，企业孵化器要面向市场，进行市场开拓创新，帮助在孵企业制定企业发展战略，把握市场机遇，实现科研成果产业化。市场化是指企业孵化器的运作要符合市场经济的运作规律。首先，企业孵化器在运作机制上要建立严格的现代企业制度，实现产权明晰、责权分明、政企分开、管理科学，使企业孵化器真正成为市场的主体。此外，企业孵化器在选择孵化对象时也要坚持市场化的原则，要从单纯注重技术水平向注重技术与市场并举，即要选择拥有可市场化技术的企业予以孵化。

效益化是指企业孵化器的功能要由传统的公益性社会组织转变为营利性或者兼顾营利性和公益性的经济组织。孵化器的运作不能只是花钱，更重要的是孵化器要努力通过改进自己的服务项目（如中介服务和管理服务等），甚至是创造新的服务项目（如资本运作和品牌运作等）来为在孵企业提供增值服务，并且获得相应的回报利润。

资本化是指企业孵化器的投资主体应该由单一的政府投资模式，逐步转向大学、科研机构、大型企业、民间机构和国外资本共同参与的投资模式。当然，这些投资主体可以单独进行投资，也可以联合进行投资。其次，当企业孵化器发展到高级阶段，具备一定的资金，同时又有相当水平的服务能力时，还应该涉及风险投资领域，直接对科技企业投资，实现高收益。

品牌化是指企业孵化器向市场化经营转变后，创立孵化器品牌，赢得竞争优势。具有名牌效应的文本孵化器常常能赢得更多的企业进驻，以及更多的投资和政府的更多支持。

网络化是指由实体企业孵化器向虚拟化、网络化企业孵化器转化。21 世纪是互联网和信息时代，任何高新技术企业的发展都离不开信息的交流，以互联网为架构的信息咨询服务应成为孵化器的重要手段之一。随着互联网化的普及，孵化器要向虚拟化、网络化方向发展。其方向是，孵化器以互联网为平台向企业提供多种形式的服务，包括信息的发布、与在孵企业的沟通、为在孵企业做宣传和市场营销等。

国际化是指孵化企业不仅包括国内的高新技术企业，企业孵化器还可以利用中国的原材料、劳动力、智力优势，不失时机地孵化外国的一些企业，广开孵化门路，提高收入，加速发展。

（2）对加速企业孵化器产业发展的建议。随着知识经济的发展，企业孵化器不仅是一类促进技术创新和创新扩散的科技中介，还会逐步发展为一种产业，这种产业通过培育中小型科技企业获利，这种趋势在美国已经初现端倪。因此，中国必须加快企业孵化器产业发展速度，研究、制定扶持企业孵化器产业发展的政策措施，要根据世界贸易组织完善扶持企业孵化器发展的政策措施，加速孵化器产业的形成；研究、制定吸引科技型中小企业进入中心孵化、促进其参与国际市场竞争的激励政策；研究、制定新形势下的知识产权保护和人才战略，营造优秀人才脱颖而出、高新技术产品层出不穷、高新技术企业不断创新的环境等。

企业孵化器要进一步完善孵化器的服务功能，积极推进创业服务中心与其他科技中介服务机构的对接，为科技型中小企业从无到有、从小到大提供"一条龙、全方位"服务，如推进生产力促进中心、工程技术研究中心、科技风险投资机构，以及知识产权、科技评估、产权交易等中介机构与创业服务中心对接，积极引导科技中介机构进入中心，完善创业服务体系，为创业人员和科技型中小企业服务。

企业孵化器要积极建设一支高素质的管理服务队伍。成功的企业孵化器离不开高素质的管理服务队伍，要积极探索新的分配机制和分配形式，充分调动服务人员的积极性，培养一批能与国际接轨的企业孵化器的管理服务人才。

8. 大学科技园

大学和各科研机构是知识创新的源头，也是技术创新的重要领地。依托高等学校的人才和技术优势兴办大学科技园，是为国内外实践证明了的加速科技成果转化、促进高新技术产业发展的有效形式。目前，伴随着科教兴国战略的实施，教育产业得到了蓬勃发展，大学成为教学、科研和提供社会化服务的结合体。各大学争先建立大学科技园。

大学科技园是一类特殊的企业孵化器，其服务对象主要是大学科研的技术成果，尤其是科研中高新技术科研成果的商品化和产业化。同时，大学科技园通常还有技术贸易、融资中介和企业管理人才培训等企业孵化器不具备的功能。大学科技园多半是一种众多科技中介服务机构汇聚的平台，是科技中介服务机构的集成形态，具有强大的全流程的"一站式"服务能力。

（三）行业协会

1. 行业协会的含义和特点

行业协会是行业管理大系统的有机组成部分。但对其含义，在不同的国家有不同的说法。美国的《经济学百科全书》中说，行业协会"是一些为达到共同目标而自愿组织起来的同行或商人的团体"；日本经济界人士认为，行业协会是"以增进共同利益为目的而组织起来的事业者的联合体"；英国权威人士指出，"行业协会是由独立的经营单位所组成，是为保护和增进全体成员合理、合法利益的组织"；德国对于行业协会的定义是：行业协会是企业自由参加的注册团体，代表各个不同的产业的利益。在中国，有的认为，行业协会是根据生产技术的进步和发展需要由同行业的企业自愿组合起来的一种组织形式；有的认为，行业协会是同行业的企业联合起来的服务性组织，是建立在企业自愿参加基础上的非营利性的社会经济团体；有的认为，行业协会是同行业的各企业在自愿的基础上为了谋取和增进自身的共同利益而组织起来的社会经济团体。当然，对行业协会概念的理解还远远不止这些。但是，从上述各种关于行业协会的定义至少可以看出，在市场经济条件下，行业协会是由本行业企业自愿组成，以为会员服务、维护会员共同利益为宗旨的非营利的自律性的科技中介机构。

行业协会主要有以下几个特点：

（1）行业协会的优越性。行业协会这种组织的出现绝不是偶然的，从经济学角度看，它有如下优势：

第一，协调成本低廉。政府的行政协调信息成本高，沟通环节多，且常常出现"上有政策，下有对策"的低水平博弈，如果诉诸法律，则协调成本更高。单个企业作为市场主体是自由、自主和自我负责的行动者，受到利益驱使，个体的理性行为往往带来集体的非理性结果。因此，企业之间在交易活动中，通常都会有欺诈激励，往往出现囚徒困境。解决囚徒困境的方法之一就是建立关系合约，使交易双方自律，以免损坏长期合作关系。行业协会具有各类组织的特征，比政府和单一企业更便于反映和表达同类社会成员的共同问题。它本身具有的规模效应、外部经济和一致性集体行动优势，使行业协会具有超越个体和私人关系网的社团感，其职能的发挥过程便是最大限度降低市场交易费用的过程。

第二，信息比较充分。行业协会充当政府、企业、市场的中介，本身具有信息库的功能。在向社会提供准确信息方面，行业协会能克服信息在个体间传递过程中的失真问题，从而节约经济主体的信息收集成本。

第三，培育诚信观念。在培育社会的诚信观念过程中，由于法律手段具有事后性和高成本缺陷，所以，行业协会更多地需要靠社会监督。协会组织在培养成员诚信意识方面具有天然优势。会员间经常进行大量的重要博弈，须着眼于长期合作，而非一锤子买卖。协会组织通常建立一种法律外的惩处机制和程序，避免只顾及短期利益的机会主义行为。因此，行业协会能有力地规范市场主体行为，培育主体的诚信意识。

（2）行业协会的私域性。虽然缺乏对行业协会的明确定义，但对行业协会的一般理解是：为从事同种行业、有着共同利益和目的的人，为保护共同的利益和维持各种准则而组成的社会团体。行业协会是社团的形式之一，而结社自由是宪法保障的公民自由。理论上，在中国凡是符合法定条件的申请人均可依《社会团体登记管理条例》设立社团。一经登记注册，它就成为来源于成员，又独立于成员的实体，成为介于政府与个体之间的"软组织"。一方面，它有独立性发展的趋势，要求政府尽量少干预而维护其自治权，扼制国家权力职能和范围的扩张；另一方面，它又要通过积极的直接或间接的参与，不断地向国家领导和官员提出要求并力求对他们施加影响，其结果是"政府政策大多是通过谈判和讨价还价来决定的"。对行业协会是私人领域的实体的认识，将有助于理顺协会与政府的关系以及协会与内部成员的关系。

（3）行业协会的自律性。行业协会具有强烈的非官方色彩，体现在其成立的自发性、地位的独立性、管理的自主性、活动的民主性、规约的契约性和经费的自筹性。行业协会是社会大生产条件下社会自我管理的一种必要的社会组织。从发展趋势与规律看，社会化大生产客观要求提高社会自我管理能力和水平，行业协会作为行业自我管理的社会组织必将产生并不断得到发展。行业协会的成立应该基于协会章程。章程的法律实质是组织契约，设立各方的意思表示一致，设立行为完成，章程则得以生效。章程对设立人及所有将来的协会成员都有拘束力，协会基于章程做出决议，规范协会的内部事项，但并不具有法律的强制力。协会成员自愿接受协会的约束。利益是根本的推动力，但行业协会本身不得以盈利为目的，也不可以成立以盈利为目的的实体。否则，它将成为其成员的竞争对手，从而动摇行业协会的公信力。此外，行业协会规范成员的职能应与行政机关的管理严格区分，后者是必须服从的命令，而前者通常是建议和要求，不具有行政管理所生而有之的惩罚机制。

（4）行业协会的行业性。行业协会是根据国家行业划分标准按不同行业组建的，如中国商业联合会、中国煤炭工业协会、中国机械工业联合会、中国钢铁工业协会等，以及地方上的行业协会，如上海工经联合会、温州烟具协会等，这种划分方式具有分工明确、系统清晰的特点。以行业为基础的划分标准，是行业协会区别于其他社团的根本特征，比如以地域划分为特点的商会。从事相同行业的个体在相互竞争的同时，又往往有大体相同的利益要求，持有相对共同的利益态度，因而，具有组织利益群体的基础。利益群体具有追求和维持其成员利益的强大力量，在利益的冲突和利益的角逐中，具有比个体更强大的竞争力和追逐力，因而，个体具有组织利益群体的激励，个体往往是以参与利益群体的方式来参加利益竞争的，也往往是以参与利益群体的方式来实现个体利益的。行业协会作为以行业划分为基础的利益群体，在内部要调整个体成员之间的利益矛盾和利益冲突，促进全行业健康有序的发展。此外，每一个利益群体正如每个个体一样都具备一个"丰富的心灵"，它在追逐本行业利益的同时，难免会与其他利益群体甚至与社会公众发生利益矛盾和利益冲突。在这种多元的复杂的利益冲突与协调中，必然导致高度的法律需求。因为，不同的利益主体在市场经济竞争与合作中，既要竭力主张其自身利益和自由平等权利，同时又必须做出必要的妥协和让步。这不仅衍生成组织内部抑制单一独占性和专断霸权的平衡机制，也确立了自主自律、宽容共存的自由理性诉求。

（5）行业协会的公益性，即利益公共性，是指所实现的是团体利益。一方面，团体利益主要包括团体一般利益和团体共同利益。一般利益分为能保证成员利益具有环境外部性的规则利益和秩序利益。共同利益是指不直接归属于各成员，但最终可以在各成员间分解的利益（如团体经费、办公设施和服务机构等），以及归属于参加特定活动的部分成员的利益。另一方面，团体利益包括团体范围内的内部性利益。

（6）行业协会的互益性，即是通过成员间互益、团体间互益和消费者互益所体现出来的价值目标，这是显著区别于纯粹自益的传统行会之处。

（7）行业协会的开放性，即以开放的态度广泛吸收成员，主要体现在广容性、非排斥性和进退自由性（强带入会是例外）。

（8）行业协会的平等性，即团体各成员之间和各团体之间相互关系上的明显平等性。

这些性质加上行业协会的非营利性等性质，是组织和管理行业协会过程中不可忽视的重要因素。行业协会的这些特性在发达市场经济国家的行业协会中体现得较为充分。这些国家的行业协会不具有任何政府功能，只发挥中介作用，行业协会能否存在或有效运转，完全取决于它对企业的中介服务质量和所发挥的作用。

2. 行业协会的职能

行业协会是具有相同或相近市场地位的经济主体自愿组织起来的，沟通、协调经济主体行为，促进公共利益的社团性经济组织。行业协会具有政府、企业难以替代的功能优势。

（1）管理职能。行业协会是在市场条件下开拓市场、维护市场秩序的一种必要的社会组织。市场经济是伴随着社会化大生产且发展的，企业要求冲破各种贸易保护主义来开拓市场，这是企业的根本利益所在。组织行业协会、代表企业利益、保护企业合法权益、开拓市场、维护市场秩序是市场经济发展的客观需要。

首先，行业协会通过实行行业自律进行行业管理。行业自律是市场经济必需的一种制度安排，是行业协会实施行业自我管理、自我服务的重要手段。行业自律规范通过行业协会的内部组织机制的运行，规范行业协会的成员行为，实现团体内秩序，并使团体秩序与法律秩序相协调并互为补充。行业自律的显著标志是拟定行业行规行约。行规行约是在遵守国家法律的前提下，以符合现代文明发展趋势的行业习惯、惯例为基础，通过行业公约、行业协会章程等形式体现的行业行为规范。在国家法律有明文规定时，行规行约是国家法律在本行业的实施细则；当国家法律无明文规定时，行规行约就是行业行为规范，有关执法机构可以依据行规行约确认经营者的权利义务，从而有效地调整各行业的市场经营行为，促进市场经济良好秩序的形成和发展。

支持行业协会进行自律管理的原因主要有：政府需要在既定的法律框架下运作，往往受到程序的约束，还要克服官僚机构本身的僵化和程序化所产生的障碍，而行业协会由于其成员的切身利益的关系与行业紧密联系，有更敏锐的嗅觉，可以迅速地回应变化情况，主动颁布规则。此外，行业协会通常不必像政府部门那样直接对国家行政管理上级负责，这意味着这种组织有更多的进行实验的自由。

其次，行业协会可以提供决策所需的专业知识。人们必须在分析、判断后才能决策，而分析、判断是需要相当的专业知识的，进行管理活动的组织必须了解所监管的活动的专业知识。政府作为公共服务机构，很少具有现成商业经验的人，公务员大都是大学毕业后开始工作直到退休离职。他们具有制定政策和提供行政支持所需要的技能，但不太可能掌握行业发展的专业知识，因而，在公共领域和私人领域之间存在一条"很深的理解上的鸿沟"。依靠行业协会是一个用来解决专业知识缺乏问题的策略。理论上，行业协会的成员拥有信息，务实并且不断更新，而政府管理则不然。行业协会与市场的紧密关系可以持续不断地提供高水平的实践、市场导向的知识和技能，这也是政府常常委托行业协会制定行业技术标准的原因。最后，节约管理费用。通过行业协会进行监督活动，政府可以减小公务部门的规模。行业协会的资金来源主要是成员的会费，政府可以不为自律机构提供资金，因而节省了公共费用。另外，自律机制对费用的控制可能要比公共领域更有效率。就政府活动而言，政治上的压力可以限制管理的花费，但由于信息的不均衡，人们很难得知公务员所造成的浪费。行业协会的情况则不同，成员对了解行业协会的表现有直接的经济上的动力，因而至少理论上自律机制可能提供更适合于控制费用的结构。当然，实践上行业协会管理费用的节约还需要更深入的成本与效益分析。

然而，这种自律管理模式也有先天不足：首先，自律组织的自利倾向。现代经济学之父亚当·斯密在《国富论》中说："同行的经营者们很少聚到一起，即使为行乐和消遣，其谈话的内容也是以共谋损害大众或者以某种阴谋诡计抬高价格而告终。"这句经常被引用的名言尖锐地指出同业者之间的卡特尔倾向。行业协会会牺牲其他人的利益而过分维护自己成员的利益，由以从业者为基础的组织蜕变为关系密切的俱乐部或卡特尔，这是人们对自律机制的主要顾虑。近几年，国内发生"行业自律"下的停产限产保价、价格同盟、联手操纵等事件，都需要把它放在社会利益和公众利益的大局上，从反垄断的角度重新审视。所以，对行业协会这样的自律机构本身也应该施以有效的监督和控制。中国加入世界贸易组织之后更应该重视这一点，应该按照法律框架下服务贸易总协定之规定，保证行业协会采取的措施，诸如产品定价、质量监督、标准制定等不违反中国的义务和承诺。另外，自律还意味着行业成员亲自参与其中，约束的力量主要是道德的，还容易产生"只缘身在此山中"的困惑。

其次，自律组织存在自我瓦解的激励。参加行业协会的成员都是独立的经济主体，在行业协会这个利益群体的内部必然存在角色差异、行为差异和利益差异。虽然大家都清楚"没有规范性约束的自我利益的追求会使所有有关各方的自我利益都遭受挫折"，但在有些情况下，突破自律规则会给成员方带来很大好处，比如行业组织通过合理的限价协议来提高行业的整体利益。此时，对每一个个体成员来说，由于协议要求所有企业都将保持一个最低价格，因此其他所有企业的价格策略是既定的，如果有成员偷偷违反协议擅自降价，就将大幅度提高市场份额，获得可观的利润。那么，依博弈论分析，降价就是个体成员企业的严格优势策略。所以，限价协议本身就提供了瓦解该协议的激励。

最后，自律组织缺乏强制执行力。行业协会虽然可以决议，但没有足够的权力阻止协会成员从事被禁止的行为，为维持行业的纪律与秩序所施加的社团法只能基于法律所赋予的社团自治权限。行业协会没有被立法机构赋予调查、起诉或惩罚错误的权力，由这些机构制定的行为规章"缺少牙齿"，比如限价案例中，行业协会就难以执行对不遵守行规擅自以低价销售的企业的惩罚。事实上，对社团法的法律性质和司法审查，一直是民法上值得深入研究的问题。

（2）沟通职能。行业协会的沟通职能包括内部和外部的双重沟通。行业协会发挥了中介组织的桥梁和纽带作用。

对内，行业协会要注意各成员企业之间的互动性，平衡行业内的力量关系，既要促进竞争又要避免过度竞争；引导各种规模的企业按照行业组织起来，维护自身的生存和发展，形成既相互竞争又相互联合依存的企业行业结构，保持大中小企业的平衡，促进社会经济良性、公平、可持续的发展。

行业协会的对内沟通功能还具体表现在信息提供方面。首先，行业协会充当政府、企业、市场的中介，本身具有信息库的功能。在向社会提供准确信息方面，行业协会能克服信息在个体间传递过程中的失真问题，从而节约经济主体的信息收集成本。当协会中的某一个买（卖）者准备与某一个新的卖（买）者做生意时，他可以从协会的信息库中查询核实交易的对方在历史上是否有不良记录。当然，一个管理优良的行业协会所收集的信息远不止于此。其次，行业协会具有信誉评价和投诉甄别功能。一个信誉好的协会组织可以受委托去调查违约投诉的真实性，以免冤枉"好人"，扮演了信誉评价中介和甄别中介的角色。再次，行业协会具有对本行业整体发展前景进行预测及为成员群体提供个性化信息服务功能。协会组织可以利用其专业化职员或共同使用外部资源为本行业整体的发展前景提供预测，也可以为成员或成员群体提供个性化的信息服务。这三种功能所提供的正式交流渠道能在很大程度上克服信息在个体间传递过程中的失真问题，从而节约协会成员和其潜在交易者的信息搜寻成本。

对外，行业协会要代表行业的整体利益与外界沟通，向政府反映企业的声音。在国外，游说是行业协会的重要工作。行业协会对涉及自身利益的问题进行研究，提出方案，并通过与议员沟通，参加听证，争取社会舆论，直接参加政府部门的顾问委员会或派代表担任机构的负责人等方式向国会和政府施加影响。在有些国家，如德国，这种影响很大程度上已经机构化和法制化，体现在行政立法和一般咨询程序中，因此，德国行业组织既参与政府有关政策的形成，对政府权力进行某种制约，又起到企业与政府之间的桥梁、纽带作用。因此，市场运行客观地需要行业协会代表企业与政府进行沟通，反映市场的客观情况和企业的合理要求；要求政府制定并完善市场规则，公正执法、裁判，制定政策，支持和振兴产业等。行业协会是企业与政府之间的桥梁和纽带，也是政府的合作伙伴。这是企业的需要，是市场与社会的需要，也是政府的需要。

（3）协调职能。行业协会可以通过建立团体间和团体内部利益协调机制，协调成员的经营业务活动，避免或解决社会团体间、本协会内部成员之间在竞争过程中的利益冲突；在不限制竞争的前提下，防止不正当竞争和抑制恶性竞争。行业协会的协调功能大致有三类：一是政策性协调。如正确处理垄断与竞争的关系、公平与效率的关系、企业与环境的关系、效益与质量的关系等。二是竞争性协调。如市场占有和市场准入、进出口份额、行业品牌战略、经济规模等方面的协调。三是技术性协调。如新技术的保护与推广、专业化协作水平提高等。具体而言，行业协会通过实行对外行动和内部惩罚两种方式进行协调。

首先，对外行动方面：企业之所以加入行业协会，是为了分享协会组织正式网络的规模效应和外部经济；除了享受信息服务和成员身份特有的信用声誉外，还能从协会组织的集体行动（如政策游说、抵制不正当竞争、联合诉讼等）中得到直接和间接的好处，如降低交易成本、共享税收优惠和政府补贴以及共渡经济萧条等。除了拥有充分的信息，更重要的是，协会组织在培养成员诚实意识等方面有天然优势。企业在行业协会中的行为是重复博弈的过程。重复博弈有着双重均衡，一种是建立在社群惩罚威胁之上的长期合作均衡，另一种是建立在自增性预期（即每一方都料定其他方会使诈，因而自己也行骗）上的不合作均衡。因此，长期稳定的合作首先将面临一个障碍：除非你相信其他的人都诚实行商，否则你也会不诚实行商。因此，为了规避不诚实均衡，就要求每一个人都改变对他人的看法，同时也改变自身行为。这种协调性变化是无法自动发生的。除非是孤立的交易，否则就要有人将相互交叉的贸易网络组织起来，在组织内培养和强化相互信任的意识。

其次，内部惩罚方面：由组织化的关系网络建立的正式仲裁程序，有助于解决合作收益在成员间分配时可能产生的纷争。协会组织还通过制定规约和处罚程序（罚款、停工或开除人）避免造成因只顾及短期利益的机会主义者行为所带来的行业整体利益的损失。与其他私序机制一样，行业组织也有其负面作用，主要表现在限制竞争和不正当竞争行为引起的经济低效率。行业组织不但有供需双方的信息，而且还掌握惩罚性的协调能力，一旦行业处于激烈的市场竞争中，行业协会就很容易把天然的协调能力转化为共谋能力，实施有损于他人利益的行为，这些行为包括在限制竞争方面有统一定价、数量限制、划分市场、共同抵制和拒绝同行非成员进入已有市场等；在鼓励不正当竞争方面包括拒绝交易、价格和交易条件环境歧视、内部利益团体歧视等，有损于社会秩序，增加了社会成本。但是，在国家规制行业协会组织行为的法律及其执行体系较为完善的情况下，行业协会对经济治理是可以做到功大于过的。因此，不能因为它有一定负面作用而抹杀其经济合理性。

（4）服务职能。行业协会的服务职能是行业协会的基本职能。行业协会为政府和企业提供信息、咨询、交流、调研、培训等各项服务；布置、收集、整理、分析全行业的统计资料。许多行业协会会形成调查报告，并利用电子计算机分类存档，为政府制定产业政策提供依据，为企业经营决策服务。服务是协会成员加入协会所享有的主要利益之一，是行业协会具有生命力的源泉。

行业协会还通过培训人员、提供信息、促进商机和辅助商务等，为成员提供与解决活动有关的服务，以提高成员的活动能力，增加成员交易机会和促进成员业务发展。行业协会的服务功能主要体现在：促进名牌战略，制定行业质量标准；研究、制定行业交易规则；整理、归纳行业惯例或交易习惯；研究行业政策，制定行业发展规划；推广会员企业的先进经验；组织会员企业产品参加展览、展销，推广会员企业产品，帮助会员企业开拓市场；为会员企业之间的技术协作牵线搭桥等。

此外，行业协会还有助于培育诚信观念。在培育社会诚信观念过程中，由于法律手段具有事后性和高成本的缺陷，更多地需要靠社会监督。协会组织在培养成员诚信意识方面具有天然优势。会员间经常进行大量的重要博弈，须着眼于长期合作，而非一锤子买卖。协会组织通常会建立一种法律外的惩处机制和程序，避免只顾及短期利益的机会主义行为。因此，行业协会能有力地规范市场主体行为，培育主体的诚信意识。

3. 中国行业协会的现状

中国行业协会的现状是正处于转型期，行业协会的基本特征是政府主导性。20世纪90年代后，中国各类行业协会迅速发展，几乎涵盖了所有的行业。但是，这些协会大多自治色彩很少，政府主导的特征十分明显。主要表现为：

（1）协会的权利来源于政府，而非法律授权。中国社团组织除了从社会和法律上获得合法性外，还必须同时取得归口行政机构的认可和证明，方可最终取得合法身份。同时，行业协会一般都要服从和接受政府的领导。

（2）中国相当一批行业协会均是从各行政单位分流出来的。行政单位给行协会提供资金支持和办公场地，从行政单位分流而来的协会工作人员一般保留行政单位的工资待遇和编制，协会领导人通常由主管单位确定。在国家层面，原主管十大行业的国家局已经转变为十个一级行业协会。各一级协会下面还有众多由中小行业组成的二级协会和、三级协会。国家国家经济贸易委员会对一级行业协会进行管理，一级协会管理二级协会，二级协会管三级协会。地方上也实行类似的管理。总之，中国的基本行业协会都是这种严格的层级政府式管理。

随着市场化改革的推进，自治性的民间组织形式的行业协会不断出现，在中国新兴产业的行业协会中可以看到这一趋势。

4. 行业协会发展中遇到的问题

行业协会发展面临的最基本问题是，大多数行业协会尤其是体制内的行业协会仍是政府部门的延伸机构，而且具有计划经济的特点；随着市场经济的完善，行业协会自身的发展越来越受到限制。

（1）社会合法性不足，导致行业协会的"三定"（即定位、定性、定职能）不明确。近年来，尽管政府在不同的场合多次谈到发挥行业协会的作用，但是，行业协会在整个体制改革的框架中到底处于什么位置并不明确，只能凭自己的工作树立自己的形象，受政府委托开展一些规划、调研、信息等工作。关于行业协会的性质，行业协会究竟是官办民助还是民办官助，由于各部门的利益关系，始终没有形成共识。关于行业协会的职能问题，最早的提法是政府部门的参谋、助手，主要起桥梁和纽带作用。但是，只要政府职能的这条路没有堵死，行业协会的职能是难以发挥的；同时，由于政府职能转换的滞后，尤其是一些事业单位的庞大、行业管理的职能重叠都严重制约了行业协会的发展。关于行业协会的这些基本问题没有解决，很难指望行业协会对技术创新和创新扩散发挥什么大的作用。

（2）法规不够健全，导致行业协会的地位、作用模糊。至今仍没有一部明确的适应新形势要求的行业协会法规或工作条例。

（3）行业协会组织结构是不规范的，同时行业协会还存在着经费来源不稳定的问题，不仅难以在政府与企业之间发挥桥梁作用，而且在实行行业自律、行业管理时往往力不从心。

（4）行业协会发展不平衡。这种不平衡主要表现为：地区性的不平衡，经济发达地区行业协会发展较好，经济欠发达地区行业协会发展较差；行业性的不平衡，支柱产业、优势行业的协会组织较完善，其他行业的协会组织不够健全；数量结构的不平衡，各系统（委、厅、局）分管协会数量不等。由于产业结构和产品结构不合理，使得行业协会建立初期没有统一的规划，有的是按行业，有的是按部门，有的是按产品，有的是按地区，有的是按城市等组建，造成一些行业协会的重复设置、职能交叉、多头对外。

5. 发展行业协会的对策和建议

（1）由于中国行业协会的基本特征是政府主导性，这一点与市场经济中的行业协会性质完全不一样。因此，新建行业协会必须遵循自主、自治、自律、自愿的基本原则。行业协会只有在这种原则下，才能切实代表企业利益，全心全意为企业服务，从而增强自己的生命力。对于已经建立的行业协会，政府必须让权于行业协会，加快政府职能的分解和转换。因为行业协会的本质功能是连接政府和企业，所以，政府转变职能并不是政府完全对行业协会放任自流，而是代替以前的主导模式，行使一些监督管理的间接调控职能。

（2）规范行业协会的发起条件和拟任法定代表人的条件。发起设立行业协会要有基本条件，要有代表性，要有规范运作的基础，不能滥竽充数，否则，不但不能发挥其应有作用，反而会带来副作用。拟任行业协会的法定代表人也要有条件，包括从事本行业工作、社会信用好、无刑事处罚记录、选举产生等。这些条件都应通过法规条例明确制定出来，这也是任何行业协会成立的最基本条件。同时，在以"行业服务、行业自律、行业代表、行业协调"为职能的前提下，必须详细明确规定每一个行业协会的职能。

（3）扩大行业协会的社会覆盖面。行业协会应在自愿参加的原则下，打破部门、所有制界限，除过去的国有及国有控股企业外，积极吸收集体企业、私营企业、合资企业、外资企业参加，共同发展行业协会。只有这样才能扩大会员在行业中的覆盖面，增强行业协会的代表性、凝聚力。

（4）积极向国外行业协会学习，学习它们的会员制运行模式、内部管理制度，规范自己的发展。在充当科技中介方面，行业协会应该加强同本行业内企业的交流，掌握它们的技术动态，同时利用行业协会这个平台开展互补的跨行业技术交流。

（5）行业协会利用自己的优势，积极开展科技中介人才队伍培养工作。行业协会的纽带地位决定了行业协会可以作为一个行业人才培训和提升的平台。在政府科技管理部门的指导下，行业协会可以积极开展人才培训工作，就行业内的技术、管理问题开展积极探索，成为提升行业高层人员素质，培养新生力量的基地。

（6）积极开展运行费用机制探索。行业协会要存在，必须具备一定的运行费用，采取会员制的形式，如果收取同样的会费，则对小企业有失公平；如果采取收大企业的会费的做法，则行业协会必须具备一定的服务能力，特别是必须给大企业更多服务，否则大企业可能不愿意缴纳较多会费。此外，政府也可资助行业协会一部分经费。运行经费的协调问题是关系到行业协会发展的一个重要问题。

二、在技术扩散过程中进行资源的优化配置

（一）技术交易市场

中国的技术交易机构主要有两种：一是技术交易市场；二是技术产权交易市场。技术交易机构中最主要的是技术交易市场，其数目远远多于技术产权交易市场，是中国促进科技成果转化的重要途径之一。

1. 技术交易市场的性质和作用

技术交易市场是近年来在全国各地涌现的集技术交易、产权交易以及资本市场诸多功能于一身的新型交易市场。这种创新型市场主要通过对原来技术市场、产权市场的创新和重新设立等形式产生。它是以技术转让和中小型科技企业股（产）权转让为主的非公开权益资本市场，是技术市场与资本市场相结合的场所，这是中国科技创新体系和资本市场发展到一定程度的必然结果。

技术交易市场是知识技术流动传递的一个重要环节。在创新主体各要素相互作

用的过程中，技术交易市场可以消除技术供需方在知识和信息方面的不对称性和技术知识的区域性，促进知识和技术在信息不对称主体和不同区域主体之间流动，逐步减少主体间差距，有利于提高各个主体的知识技能水平，从而提高创新资源的配置效率。

在技术交易市场里，技术贸易不仅是指无形的技术交易，还包括科研计划项目所需的器材、设备的招标、采购等有形的工作。技术交易市场的供应方主要是大学、科研机构和技术水平先进的企业。技术交易市场的管理者要辨认供应方的资格，如转移权限、技术的成熟程度等。技术供方数据库中要建立技术成果库、产品库、配套库等。技术交易市场的需求方主要是指各类企业，技术交易市场可能承担交易的费用担保任务，技术需求方数据库中要建立需求项目库、技术难题库等。此外，技术交易市场要建立专家库、科技人才库、资金库、设备库等子库，供社会各界登录检索查询。

2. 技术交易市场的形成过程

技术交易机构主要有三大来源：

（1）脱胎于各地原来的技术市场。正是看到技术交易模式可能打破技术市场发展的僵局，许多政府设立的技术市场纷纷将技术交易模式移植到其中，因此，原来的技术市场也就摇身变为技术交易市场。

（2）脱胎于原来的产权交易市场。随着改革开放的深入，中国出现了大量的因产业结构调整、破产、兼并、重组而形成的需要处理的国有资产。为了让这些国有资产保值增值以及配合实施"有进有退，有所为有所不为"的战略安排，许多地方的国有资产管理部门也纷纷成立产权交易机构。随着国有企业的改组、转制逐步完成，这些产权交易机构的业务量面临逐步萎缩的尴尬境地。为了谋求生路，这些产权交易机构纷纷将眼光瞄准各中小科技型企业（包括民营企业）的产权交易，期望借助自己在产权相关领域的经验和原始积累，将技术交易引入产权交易中以提升产权交易的科技含量，同时为进行产业结构调整的企业提供更多的选择，以求全方位构建自身的核心竞争能力，以便在技术交易这一新兴市场中再度大展身手。这样，许多原本为国有资产产权服务的产权交易机构也就加盟到技术交易体系中来，成为技术交易的重要力量。

（3）各地新设立的技术交易所（中心）。近两年来，广州、上海、深圳、陕西等地纷纷新成立了区域性的技术交易机构，其中有以政府资金设立的，如上海技术交易所，是由上海市科学技术委员会和上海市上海市国有资源管理局出资设立的政府性质的技术交易机构；也有由政府组织，采用股份制形式设立的技术交易机构，其中最典型的有广州技术交易所股份有限公司和深圳国际高新技术交易所股份有限公司。这些新设立的技术交易机构已成为中国技术交易体系的中坚力量，其功能和效用日益得以发挥和体现。

3. 中国技术交易市场的发展状况

技术交易市场总体可分为三类：一是常设技术交易市场，二是临时性技术交易市场，三是专业信息网络公司。

20 世纪 80 年代以来，中国各省市相继建立常设技术交易市场。到目前为止，东部发达地区基本实现每个市都有一个，中西部地区每个省也有好几个，此外，有些国家部委也建立技术交易市场，全国共计有一两百家。其中，国家级常设技术交易市场有 13 家，常设技术交易市场一般隶属于各地的科技局，是实行企业制运作的非营利性事业单位。

临时性技术交易市场是指为期较短的各种技术交易会、展示会、发布会、洽谈会、博览会以及招商、庆祝活动等。临时性技术交易市场可以由各级政府、科委、工农业主管部门、技术市场管理机构、中介机构、常设技术市场主办。据不完全统计，全国范围内每年举办各种规模、各种形式的临时性技术贸易活动近千次。近几年的实践表明，临时性的技术交易市场对于展示科技成果、传播科技信息、提供技术交易机会、促进成交发挥了重要作用，是一种重要的、有效的形式。近年来出现的一些网络公司专门从事技术转移服务，完全利用网络虚拟经营，与常设技术交易市场本质上没有区别，如上海中临技术转移有限公司。中国技术交易市场近年来的发展呈现出新特点：绝大多数技术交易市场都走上互联网发展的道路，纷纷建立自己的网站，并以互联网为经营手段，传播技术信息，促进技术交易。

4. 技术交易市场的功能

技术交易市场的交易对象一般有：专利或非专利技术、商标权、特许经营权等各类无形资产；上市公司法人股权、非上市股份公司股权、有限责任公司股权、股份合作制企业股权。技术交易市场的服务项目主要有：为科技成果转让，公司及非公司制的企业产权的转让、交易，为投融资提供场所，以及信息咨询、挂牌、鉴证、拍卖、培训、讲座、登记过户等。

这些功能概括起来主要有以下几方面：

（1）高效资源配置功能。从理论和实践上看，技术交易市场正成为连接技术市场与资本市场的桥梁。中国大量的科研成果由于缺乏产业化所必需的资金支持而搁置在实验室和种子期，同时大量的金融资本、产业资本、风险投资由于寻找不到合适的投资机会而只能闲置，这些情况都造成了社会资源的极大浪费。技术交易市场为大量的科技型企业、成长型企业以及高科技成果转让项目提供了融资平台，这将有力地促进技术与资本的高效融合，彻底打破中国高新技术成果产业化过程中的资金瓶颈。技术交易市场存在的核心价值，就是通过减少市场参与各方的交易成本来提高资源的配置效率。科技成果持有人与投资人达成一项交易，其中所耗费的成本除了交易标的成交时发生的金额外，为了达成交易还产生信息获取成本、谈判成本、时间成本、调研成本、评估成本等诸项成本。技术交易所的出现将大大减少这些交易成本的耗费，也减少了科技成果进行转化的时间成本和投资者资金的闲置成本。技术交易市场的出现有效地促进了上述问题的解决，有利于整个社会资源配置效率的提高。

（2）理性投资功能。技术交易市场为大量的金融资本、民间资本、产业资本提供了一个高效的投资渠道，是解决中国投资渠道狭窄，各路资本千军万马独挤股票市场这一独木桥这一难题的有效途径。同时，技术产权的投资者将更注重科技成果的产业化，主要是通过对所投资项目的营运来获取相应的投资收益，这是一种理性的投资，其投机性远较股票市场小，不会产生类似股市的泡沫问题。

（3）健全和完善风险投资体系功能。技术交易市场为创业风险资本提供了进入机会和退出渠道，促进了风险资本的流动。中国风险投资事业进展缓慢，主要原因是中国存在严重的风险投资退出渠道问题，就算是创业板市场能较快退出，但对于解决整个风险投资的退出仍是杯水车薪。就是在美国这个资本市场高度发达的国家，风险投资的退出也只有30%左右通过首次公开发行股票来完成，另外近70%是依靠像技术交易这样的柜台交易系统来完成的。因此，从完善中国风险投资体系以及完善中国多层次资本市场体系的角度来看，技术交易体系的建立具有非常积极的意义。

（4）在一定程度上解决技了术交易的信息问题。由于技术交易的专业性强，同时交易信息的完备性存在相当大的问题，所以科技成果转化中存在的信息不对称和道德风险等问题，一直是困扰中国科技成果产业化的主要问题。技术交易机构作为一个权威性的中立机构，通过较为科学、严密的价值评估系统，对交易标的做出更加科学、客观的价值评估测算，建立对技术产权真实价值的发现机制，有助于减少由于信息不对称给处于不利地位的市场参与者带来的损失，避免许多科技成果价值被严重低估、交易价格远远低于其真实价值，或投资者由于对科技成果掌握的信息不完全而造成严重的价值错判导致重大的投资失误。

5. 中国技术交易机构出现的问题

从技术创新和创新扩散的角度看，技术交易的目的要么是加速技术自身创新向管理创新过渡，要么是加速创新扩散。从目前的实际情况来看，这些定位于为风险资本进入和退出提供平台的技术交易机构在运行过程中出现了很多问题，成交量比较小。整体上，中国的产权交易市场正处于探索阶段。

第二节　科技中介机构的设立

一、科技中介机构设立的一般原则

目前，我国正处在深化改革、扩大开放的发展阶段，在这种环境下设立科技中介机构时，必须坚持以市场为导向，以政府为依托，发展与规范并举，自律与他律相结合，对外开放的原则。

（一）以市场为导向，以政府为依托

设立科技中介机构时要坚持市场导向，将市场化改革作为科技中介机构发展的动力。坚持市场导向不等同于追求利润最大化，而是说科技中介机构要围绕科技成果产业化来开展整个工作，要走符合市场规律的路线。当然，其中也包括科技中介机构要自负盈亏、追求利润，但这不是市场导向的本质含义。在我国科技中介机构的发展过程中，政府发挥着很大的作用，这在社会主义市场经济的初级阶段具有必然性，促进了科技中介机构的市场化进程。科技中介机构的发展具有显著的社会经济功能，外部存在正的反馈。政府的投资有利于加快科技中介机构的发展，也有利于降低科技中介机构在发展初期的风险，保障其平稳运行；同时，在一定程度上有利于政府相关产业政策的贯彻和执行。

但是，政府不能在科技中介行业发挥配置资源的基础作用，这是因为政府主导的科技中介机构往往会产生一些弊端。首先，"国有经济性质占主流，事业单位性质占大多数，工作人员基本上是兼职"这样一种体制的科技中介机构大多缺乏经营观念和市场意识，没有竞争压力，开展业务时基本上都是被动的。带有计划经济烙印，没有相应的激励措施，自然会导致科技中介机构的积极性低，办事效率低下。其次，在中国，具有政府背景的科技中介机构大多以法律地位模糊不清的"事业单位"形式存在。有些事业单位是自负盈亏的非营利机构，有些事业单位早已变成了商业化的公司，有些事业单位则承担了很强的政府管理职能，但又不像政府部门那样受纪律约束。科技中介机构定位混乱，职责不清，义务不明，完全没有体现"体系性"。最后，政府背景的各种科技中介机构一般归属不同部门，各自业务范围往往受到明确限制。这种设计的初衷，可能是希望形成"合理分工，互相配合"的局面；但实际上，部门条块分割使得这些科技中介机构即使有分工，协调配合也往往不够，甚至相互牵制。这样就造成了发展有限，甚至存在生存危机，进一步形成了更加依赖政府维持的负反馈。因此，中国发展科技中介机构应坚持以市场为导向，发挥市场在资源配置中的基础作用，这也是世界各国发展科技中介机构的成功经验。

坚持市场导向有其自身的优点。首先，以市场为导向是由科技中介机构本身的特点决定的。科技中介业务专业化要求高，市场不确定性大。作为独立市场的主体，科技中介机构能够更灵活地应对行业环境的变化。其次，以市场为导向有利于发挥科技中介机构的积极性，通过对利润的追逐，提供更符合客户和社会公众需要的科技中介服务。再次，以市场为导向，有利于科技中介机构建立优胜劣汰机制，通过有效竞争，不断提升科技中介机构的专业化水平。最后，以市场为导向有利于吸引多种所有制资本，加快科技中介服务体系发展的步伐。

（二）发展与规范并举

近年来，鉴证类科技中介机构出现了不少违法乱纪行为，造成一些相当严重的诈骗事件。一些资产评估事务所出现的问题也很严重，受利益驱动和屈服于恶性竞争的压力，个别评估人员按服务对象领导人的"授意"进行评估，背离了评估客体的实际，多估或少估的报告屡见不鲜，造成国有资产的大量流失，滋长出一些腐败犯罪行为。

针对当前科技中介市场中存在的种种混乱现象，需要在鼓励发展的同时坚持对科技中介机构进行规范、治理和整顿。目前，整顿的重点应是会计师事务所、审计师事务所、资产评估事务所、律师事务所、公证机构等向社会提供鉴定公证服务的科技中介机构。这些机构的职能带有"准司法"性质，提供的科技中介报告具有法律效力。它们的优质服务是维护市场正常秩序和提高交易质量的重要保证。但是，如果它们的行为扭曲，鉴证报告背离客观事实，则将对社会造成危害。

整顿的另一个重点是落实科技中介机构与政府主管部门脱钩，彻底从人员、经费、行政、收益诸方面割断联系，保证科技中介机构的独立性和自主性。与此同时，还有一些科技中介机构需要大力发展，以更好地满足社会需要。当前需要重点发展的首先是金融科技中介机构，其中又以资信评估机构为最。投资基金的金融科技中介机构也急需发展。其他如产权交易科技中介机构，科技、文教、体育、卫生领域的科技中介机构都很重要，应加快发展。

（三）自律与他律相结合

科技中介机构在市场经济体系中发挥着特殊的作用，因此社会对科技中介机构在信用、专业化水平、服务质量等各方面的要求也非常严格。源自政府的"他律"，与行业及科技中介机构的"自律"相结合，是促进科技中介机构规范化发展的重要保证，也是世界各国的重要经验。

对社会和公众来说，行业协会是行业自律的主体，对科技中介机构来说，行业协会的约束是一种外在的"他律"。行业协会基本功能是认定行业内执业机构和执业人员的资格、建立执业规范、监督科技中介机构运作、惩处损害行业声誉的行为，同时进行行业内部的组织协调、咨询、培训等工作。在科技中介机构发展的初期，行业协会对其约束尤其重要。我国的科技中介行业协会多从政府行政部门转化而来，行使的主要还是行政管理职能，在性质、功能上不能适应科技中介机构规范发展的要求。发挥科技中介行业协会的作用，通过自律与他律实现科技中介机构的规范运作，是我国科技中介机构发展应坚持的原则。

（四）对外开放

开放科技中介服务市场，允许国外科技中介服务组织进入中国市场，开展自由竞争，向国内企业与人员以及在华投资的外国企业与人员提供服务并获得收益，这将对中国科技中介机构、科技中介服务业产生前所未有的影响，既有不可错过的机遇，也有严峻的挑战。从实力上看，国际大型专业科技中介机构已有上百年的历史，而中国科技中介机构真正发展到目前只有二十年，劣势是明显的。尤其在附加值比较高的服务领域，如管理咨询和涉外业务，中国科技中介机构根本就无法与国外科技中介机构抗衡。"雇员本地化"是国外科技中介机构进入中国科技中介服务市场的重要措施。由于语言、文化背景、生活习惯的不同，外国专业人士刚进入时难以在中国直接开展工作，必然利用高薪和优越的办公条件聘请本地专业人才。中国专业科技中介机构难以与其竞争，大批的优秀专业人才流失。因此，中国科技中介机构面临更激烈的竞争。但是，有竞争才会有发展。中国科技中介机构可以在学习国外科技中介机构的运营与业务经验的过程中，促进自身的建设与发展。因此，对外开放是中国科技中介机构在发展中应坚持的原则。

二、科技中介机构的组织形式

设立科技中介机构与设立公司一样，首先要确定采用何种组织形式。科技中介机构通常采用的组织形式有两种：有限责任制和合伙制。

（一）有限责任制

有限责任制，是市场经济条件下企业最主要的组织形式。按照《中华人民共和国公司法》的规定，企业主要分为股份有限公司和有限责任公司。目前，我国具有一定规模的科技中介机构大多属于有限责任公司。

有限责任制的主要特点是所有权与控制权相分离。股东向公司投资，并按所持股份行使法定权利。公司的全体股东构成股东会是公司决定重大问题的最高决策机构。股东会选举产生公司董事，组成董事会。董事会在股东会闭会期间行使公司最高决策权。董事会聘任公司的高层经理人员，组成公司的执行机构。执行机构在董事会授权的范围内拥有对公司事务的管理权和代理权，负责公司日常经营事务。

有限责任制有利于吸收社会资本，尤其是股份有限公司，可以将非常分散的社会资金集中起来。大规模的现代工业需要巨额的投资，有限责任制能很好满足它的发展要求。在所有权与控制权相分离的情况下，公司由受过专门训练、经验丰富的专业人员来经营管理，有利于提高管理的水平和效益。

公司治理结构是决定有限责任制效率的最重要因素。公司治理结构是指由公司股东、董事会、经理人员组成的一种组织结构，又称为公司法人治理结构，主要包括：

（1）股东会与董事会之间的信任托管关系。股东作为所有者掌握着最终的控制权，可以决定董事会人选，并有推选或不推选直至起诉某位董事的权力。但是，一旦董事会经授权负责公司经营管理后，股东就不能随意改变董事会的决策。

（2）董事会与公司经理人员之间的委托－代理关系，是公司法人治理结构的核心。经理人员受聘于董事会，作为公司的代理人统管公司经营业务。在董事会不知情和缺乏有效监督的情况下，经理人员可能发生"道德风险"——采取机会主义行动，谋求自身利益，从而损害出资人的利益。有效率的公司治理结构一方面依赖于外部市场条件，包括经理人市场、竞争性的产品市场、资本市场；另一方面要在公司内部建立起对经理人员的有效监督和激励机制。

在我国科技中介机构的脱钩改制和规范发展中，建立现代企业制度具有积极的现实意义。在行政挂靠体制下，科技中介机构的权责不明，管理落后，效率低下。在明晰产权的基础上建立有限责任制，有利于明确各方面的责、权、利，促进科技中介机构的规范运作。

但是，由于科技中介机构的特殊性，有限责任制对某些类型的科技中介机构并不具备效率优势。

第一，对于某些科技中介机构来说，其给客户和社会造成的损失可能远远高于其注册资本，仅仅按注册资本承担有限责任，一方面影响客户对科技中介机构的信任，另一方面不利于科技中介机构本身增强风险意识，提高执业质量。

第二，对专业化程度高、知识高度密集的科技中介机构，如会计师事务所、律师事务所、技术咨询机构等，企业对资本的依赖度下降，专用性固定资产很少，因此纯粹意义上的出资人——资金所有者的重要性下降。知识所有者——企业的经营管理者和高级员工，同时掌握企业的最终决策权会更富有效率。

第三，一些科技中介机构的委托－代理问题突出。首先，某些科技中介机构短期利益与长期利益的矛盾更突出，如资产评估机构、科技成果鉴定机构通过与被评估方的串通可在短期内获得巨额利润，经理人员牺牲企业长期利益的机会主义行为更容易发生。其次，某些科技中介业务具有高风险性，由于企业风险最终由出资人承担，经理人员的风险意识比较薄弱。最后，某类具体科技中介业务很难形成一个独立的专业经理人市场，因此在两权分离的情形下，经理人员面临被解雇的压力小。

出于后面两个原因，许多科技中介机构的出资人和经营者是合一的，即科技中介机构还承担有限责任，但在组织形式上不同于严格意义上的公司制，更接近于合伙制。

（二）合伙制

1. 合伙制及其治理结构

（1）合伙制的具体形式。合伙制的特点是无限责任、连带责任，给科技中介机构的从业人员带来约束，保证其维持科技中介机构独立、客观、公正的第三方属性。从国外的实践来看，合伙制一般有四种不同的形式：

①普通合伙。普通合伙中的每个合伙人都为整个合伙企业的债务或义务承担完全个人连带责任。也就是说，如果一个合伙人以合伙企业的名义向第三方做出财务承诺而无法实现时，则其他的每一个合伙人都对该未实现义务的全额负个人责任。②有限责任合伙，实际上是注册为有限责任合伙的一种普通合伙。这样注册的作用在于限制普通非直接责任合伙人的替代责任。不过，有责任的合伙人仍然需要为由其自身的疏忽、错误或不当行为而导致的企业债务负完全个人责任。③有限合伙，是由一名以上的普通合伙人和一名以上的有限合伙人组成的合伙。其中，普通合伙人享有参与管理的权利，可以以合伙企业的名义签订合同或做出承诺，但同时必须对合伙企业的债务负完全连带个人责任。有限合伙人只有有限的权利参与合伙企业的管理，但也只就其在合伙中的出资额度对合伙企业的债务负清偿责任。④有限责任有限合伙，是注册为有限责任的一种有限合伙。这样注册的作用和有限责任合伙一样，限制了有限合伙中非直接责任普通合伙人的替代责任。不过，有限责任有限合伙的普通合伙人仍然需要为由其自身的疏忽、不当或错误行为而导致的企业债务负完全个人责任。

从上述四种形式可以看出，虽然在不同的合伙形式中，合伙人对于合伙企业债务所负的个人连带责任有不同的体现，但是合伙的本质没有变，都是一种由两个以上的合伙人共同出资运营的一个组织的联合，负直接责任的合伙人的无限连带责任也未发生根本的改变。

（2）合伙人的法定义务。从法律上讲，合伙企业实际上是合伙人的组织，每一个合伙人依法均应视为合伙组织或者其他合伙人的代理人，合伙人与合伙企业的权利义务关系应依法定代理的规则为基础确定。合伙人对合伙企业应负有以下法定义务：

①合伙人不得自营或同他人经营与本企业相竞争的业务。合伙人从事与本企业相竞争的业务，便有可能造成该合伙人利用其在企业的地位获得的信息及各种经营秘密，谋取个人的最大利益，从而损害企业的整体利益。

②除合伙人协议另有约定或者经全体合伙人同意外，合伙人不得与本企业进行经济交易。合伙人作为企业的代理人，均可执行合伙事务，即使不执行合伙事务，亦可按照法律规定行使监督权。如允许合伙人与本企业进行交易，很容易使合伙人投机取巧，从中渔利，从而损害企业的整体利益。但依据法律规定，如果合伙协议另有约定或经全体合伙人同意，这种交易可以依法有效成立。

③合伙人不得从事有损本企业利益和名誉的活动。合伙人作为本企业的成员，必须维护企业的合法权益，不得损害企业的利益及声誉。比如，利用执业机会将企业的利益据为己有，与第三人串通，泄漏本机构的秘密，对其他合伙人进行人身攻击或诋毁声誉。

（3）管理委员会与执行合伙人。依据法律规定，各合伙人对执行合伙事务有同等的权利，可由全体合伙人共同执行合伙事务，也可由合伙协议约定或者全体合伙人决定，委托一名或数名合伙人作为合伙负责人管理合伙事务，习惯上称其为执行合伙人或首席合伙人。在实际当中，合伙企业往往选举或授权有一定管理和决策能力，且最适合协调合伙人之间关系的合伙人作为负责人来管理和执行合伙事务。在合伙协议明确规定由合伙负责人管理和执行合伙事务的情形下，只有执行合伙人代表合伙企业对外开展活动。

执行合伙人应该在其职责范围权限内，最大限度地保障合伙企业及全体合伙人的权益，由于其执行合伙协议或全体合伙人特别授权之外的事务而产生的民事责任，由执行人本人自行承担。

任何合伙人都享有对合伙事务的执行权、决策权和管理权，但可以通过协议将享有的权限转移给执行合伙人。这种内部权限的划分并不意味着执行合伙人可以依其意志任意处理合伙事务，甚至侵犯非执行合伙人的合法权益。相反，执行合伙人必须在协议的职权范围内行使管理权限，尽职尽责地履行受托义务。非执行合伙人对执行合伙人享有监督权利，包括：对合伙事务的检查及纠正权，要求报告合伙事务执行情况权，业务执行的质询异议权，了解企业经营状况和财务状况权，对执行合伙人管理权限的撤销权，等等。

（4）合伙人的入伙与退伙。所谓新合伙人的入伙，是指在合伙企业经营期间，不具备合伙人身份的人依法取得合伙人身份的民事法律行为。新加入的合伙人应具备以下条件：须经全体合伙人一致同意；签订书面入伙协议；应到原登记机关办理合伙人变更登记手续。在签订的入伙协议中必须特别明确以下事项：原合伙人和新合伙人的权利和义务；新合伙人是否对入伙前企业的债务承担连带责任。

所谓合伙人退伙是指合伙人退出合伙企业，从而丧失合伙人资格的法律事实。具体有三种情形：

①法定退伙，又称为当然退伙，是指当出现法律规定的原因或条件时，当事合伙人必须退伙，合伙协议对此有相反约定的为无效约定。如合伙人死亡，丧失民事行为能力，因故意犯罪被判有期徒刑以上刑罚未满五年，吊销执业资格，等等。

②声明退伙，又称为自愿退伙，属于一种单方的法律行为，仅需退伙人单方的声明即可发生法律效力。合伙人不得在不利于执行合伙事务时提出退伙，并应提前30天通知其他合伙人。

③开除退伙，是指当某一合伙人违反有关法律法规或合伙协议的规定时，可以将其除名退伙。根据法律规定，开除合伙人的法定情形一般有：未依照合伙协议约定履行出资义务，因故意或重大过失给企业造成损失，执行合伙事务时有严重违反法律规定或合伙协议约定的行为。

（5）合伙人之间的润益分配。利润分配是合伙的难题。由于合伙制企业不宜以出资额作为利润分配的唯一依据，因此，要比一般企业更难找到一个统一的分配标准。如果这个问题解决不好，就会动摇合伙的基础，影响合伙的生存与发展。根据法律规定，合伙企业的利润和亏损由合伙人按照合伙协议约定的比例进行分配和分担。利润分配一般有两种办法：

①综合因素法，是指根据每一个合伙人的业务量、专业能力、专业地位、出资比例、社会关系等因素，由全体合伙人协商确定每一个合伙人的分配比例，进行利润分配或亏损分担。因上述因素难以量化，实际上主要按每一个合伙人从事的业务量，再考虑其他因素进行分配。综合因素法有许多优点，体现了按资按劳分配的原则，符合科技中介机构作为专业化、知识密集型行业的特点；有利于形成较好的晋升机制，吸纳新的合伙人，促进合伙企业的发展壮大。

②分账法，是指合伙投资、业务收入、成本、利润分配、业务量等按合伙人设立账页分别核算，共同费用按业务收入比例分担。这种方法有利于合伙财务明晰

化，减少合伙人之间的矛盾；但不利于合伙人之间的合作，财务核算过于繁杂，只适合于小型科技中介机构。

（6）争议表决。当合伙人对合伙企业的执行发生争执时，首先应按照法律法规或合伙协议的约定进行处理。当有关法律法规或协议对有争议的事项未做规定时，应召集全体合伙人会议进行表决。表决时，应首先就如何行使合伙人的表决权和表决方式等达成一致，比如是否实行一人一票的表决制度。

2. 合伙制的效率分析

合伙制被证明是注册会计师等评估鉴证类科技中介机构最合适的组织形式。

首先，合伙制的首要特征是无限连带责任，这对合伙人产生很强的约束力，从根本上保证合伙人在执业过程中坚持独立、客观、公正的"科技中介"原则，产生较强的社会公信力。客户有理由相信科技中介机构的评估结论。

其次，合伙制下企业的所有者和经营者完全统一，并对企业事务进行严格的控制。合伙人的身家性命与合伙企业息息相关，合伙人不可能也不放心将企业的经营权交给别人，而是牢牢掌握在自己手中，实施严格的质量管理和风险控制。这从根本上解决了公司制下的委托–代理问题。因此，合伙制有利于提高科技中介机构的执业质量和专业化水平，促进科技中介机构的规范发展。

最后，合伙制企业容易培养和建立协商合作的组织文化。各合伙人通过合伙协议把相关利益连接起来，各个合伙人对企业的责、权、利都是一致的。因此，在合伙企业的经营管理中，合伙人之间推崇协商精神，通过合伙人管理委员会来集体决策合伙企业的管理和发展事项，进而有利于在整个合伙企业内部形成平等协商、相互合作的组织文化，这对科技中介机构这样的知识密集型企业是非常适合的。此外，合伙制企业的设立程序比较简单，效率高。

合伙制也有明显的缺点，一是容易限制合伙企业的发展规模，二是当合伙人比较多时决策权分散。因此，合伙制不适合具有显著规模经济性的工业企业，也不适合传统制造业等决策权高度集中的企业。

综上所述，有限责任制和合伙制作为两种企业组织形式各有优缺点。但鉴于科技中介机构的独立性、专业性和高风险性，合伙制更有利于科技中介机构的规范化运作。因此，有必要修订完善我国与合伙制相关的法律法规，发展合伙制科技中介机构，在会计师事务所、资产评估、科技成果鉴定等公信力要求高的科技中介行业限制有限责任制，推行合伙制。

三、科技中介机构的组织结构

科技中介机构的规范运作需要建立有效的决策机制和组织结构，而组织形式的选择决定了科技中介机构的决策机制，规定了不同人员的责、权、利，因此关键是设计合理的组织结构。有关组织结构的含义，国内外不少学者已经进行过论述。我国的邹再华先生在《现代组织管理学》一书中指出："组织结构就是一个组织内构成要素之间确定的关系形式。或者说是一个组织内各要素的排列组合方式。"美国著名的管理学家弗里蒙特·卡斯特在《组织与管理》一书中提到："很简单，我们可以把结构看作是一个组织内各构成部分和各部分之间所确定的关系形式。"

建立完善的内部治理结构是进行组织结构设计的前提和基础。治理结构的实质是所有权、管理权和监督权的一种制度安排，治理结构设计和完善的根本原则是节约科技中介机构内部的组织成本，包括：根据各方的契约义务监督其工作表现的成本、指出缺陷或调节科技中介机构内部冲突的成本，以及必要时强制执行协定绩效标准的成本。前面已经分析了不同组织形式下科技中介机构内部治理结构的基本框架，股份制机构主要包括股东会、董事会、总经理，监事会，合伙制主要包括合伙人大会、管理委员会、执行合伙人。具体到某个特定的科技中介机构来说，其治理结构可以有所不同。比如，西方典型的合伙制会计师事务所内部治理结构通常由战略管理委员会、主管合伙人、行政委员会和报酬委员会组成。战略管理委员会类似于董事会，做出不同方面的决策，指派主管合伙人。主管合伙人的任务是平衡和调停，而不是管理。行政委员会协助主管合伙人处理行政事务。报酬委员会负责管理事务所的利润怎样在合伙人之间分配。而在我国科技中介机构的运作中，内部治理结构并没有真正建立起来，不管是有限责任制还是合伙制，董事会或合伙人（出资人）管理委员会形同虚设，长官意识盛行，一方面对科技中介机构领导层的监督不足，另一方面它们发出的指令或制定的规章制度不能迅速传递到各个管理层而有效地得到贯彻执行。

在完善内部治理结构的基础上，科技中介机构的组织结构设计要考虑科技中介业务的特点，比如多以项目为导向，市场灵活多变，对执业人员的专业性要求高，风险大等。因此，结合我国科技中介机构发展的实际情况，在进行组织结构设计时需要考虑的关键问题是：

1. 授权与监督

授权是组织结构设计的核心问题，科学的授权要遵循如下原则：

（1）权责对应原则。要将组织的目标分解到各个部门和个人，明确每个人的责任。责任和权力必须相连和对等，如项目经理对某一咨询项目负责，必须同时赋予他组织和管理项目组成员的权力。

（2）能力适应原则。根据每个人的能力授予其相应的责任和权力，但要使工作委派产生足够的激励，应该使工作的难度比工作承担者平时表现的能力大些，从而使其在完成任务后具有成就感。

（3）监督考核原则。只有授权没有监督和考核就很难取得预期效益，应使相关人员取得与其所承担的责任和所获得的工作绩效相对应的报酬。

2. 实现组织结构扁平化

传统的直线形结构或层级结构适合内外部环境相对稳定的企业，基层员工从事的工作相对简单，可以较快地向高层反映和请示，权力高度集中。我国的科技中介机构多采用直线职能制，在一定程度上有利于企业的稳定。但是，随着科技中介业务所要求的知识、技能不断更新，市场环境更加灵活多变，这种组织结构已越来越僵化，成为科技中介机构发展壮大的束缚。因此，进行组织结构创新已成为科技中介机构规范化运作的当务之急。

在科技中介机构面临的市场环境日益复杂多变的情况下，客观上要求一线员工有较高的授权，在环境变化时能够自主决策。专业性高的科技中介机构，如律师事务所、会计师事务所、管理咨询机构等，从业人员的素质高，具备高度授权、自主管理的能力。因此，组织结构实行扁平化，减少中间管理层，增强组织结构的柔性，推行团队管理等灵活的管理举措，在科技中介机构内具有可行性。

此外，扁平化的组织结构有很多优势：

（1）有利于决策和管理效率的提高。在扁平化结构的组织中，高层领导和管理人员指导与沟通相对紧密，工作视野比较宽广、直观，容易把握市场经营机会，使管理决策快速、准确。

（2）有利于组织体制精简、高效。减少管理层次必然要精简机构，特别是一些不适应市场要求，能被计算机简化或替代的部门和岗位。

（3）有利于管理人才的培养。当组织层次减少时，一般管理人员的业务权限和责任必然放大，可以调动员工的工作积极性、主动性和创造性，增强使命感和责任感；也有利于员工培养独立自主开展工作的能力，造就一大批管理人才。

（4）有利于节约管理费用。扁平化结构的组织，人员精简，加上发挥计算机辅助和替代功能，可以实现办公无纸化、信息传输与处理网络化，还可以大幅减少办公费及其他管理费。

四、科技中介机构的管理模式

科技中介机构本身也是一种企业，只是它不同于一般意义上的企业。它作为经济交易中的第三方通过提供信息等服务连接其他两个交易方。科技中介机构最早是在国外发达的市场经济体制国家中发展起来的，随着中国改革开放的不断深入和社会主义市场经济体制的逐步建立，科技中介机构才在中国有了一定程度的发展。在发达国家中，政府不直接管理企业，仅以宏观经济调控者的身份出现，而企业则是自主经营的主体，并由一些行业性的组织实行自律管理，对于科技中介机构这种特殊类型的企业也是一样。

科技中介机构可以由官方管理，由政府出资组建，管理者由政府任命，受政府授权行使授权范围的行政管理职能，是政府进行宏观管理的助手和伙伴。这种中介机构为数不宜多，只能在十分必要的领域内组建并运行，国家级的协会可采用这种形式。在行业管理层次上的中介机构如协会、商会可以是半官方管理半行业管理，由政府出资予以支持，在业务上予以指导，也可委派管理者。行业协会能相对独立地开展业务，向社会提供的服务有相当的权威性，可作为决策依据。大量的中介机构应该是民间性的独立的法人经济实体，管理者自选、人员自聘、经费自筹、经营自主、盈亏自负，以平等地位与政府有关部门对话，没有隶属关系，也没有领导关系。民营中介机构接受行业协会的自律管理，依据有关法律法规开展业务。总的来说，从整个世界的范围来看，对科技中介机构的管理主要存在两种模式，即政府干预模式和行业自律模式。

所谓政府干预模式指的是对于科技中介机构的管理以政府为主，行业协会只是作为一个延伸政府职能的辅助部门。德国、日本、澳大利亚、荷兰等国家采用的就是这种管理模式。在这种模式下，与科技中介机构发展相关的各种法律法规、各科技中介业的资格标准、行为规范、职业准则和应承担的责任都由政府有关部门制定。而行业协会是政府授权成立的，受到政府的管制，并直接为政府服务。

所谓行业自律模式指的是对科技中介机构的管理以行业协会为主，政府只在适当的时候介入和监督。美国、英国和加拿大等国家主要采用这种管理模式。在这种管理模式下，科技中介机构的行业协会制定有关该行业发展的各种法律法规、资格标准、行为规范、职业准则和应承担的责任。而政府只是通过宏观调控适当介入科技中介机构的管理，以弥补行业自律管理的不足。

然而在现实中，几乎不存在任何一个国家对科技中介机构的管理实行完全政府干预或完全行业自律的模式。每个国家对科技中介机构实行的管理模式都是这两种模式在某种比例上的组合，只不过是有的国家更倾向于政府干预模式，而有的国家更倾向于行业自律模式而已。

第三节　科技中介机构的建设

一、科技中介机构的发展目标

中国科技中介机构作为一个整体，其发展要适应社会主义市场经济的需要，发展各种类型的中介业务；规范中介机构的运作，改善中介机构的信用，提高中介机构的专业化水平；积极发挥中介机构行业协会的作用，加强行业自律；理顺中介机构与政府的关系，加快和规范中介机构的脱钩改制，建立促进其自身发展的完善的法律体系。促进科技中介机构的发展，必须实现以下几个目标：

（一）培育中介服务的市场需求，发展各种类型的中介业务

需求是企业赖以生存和发展的基础。扩大中介服务市场规模，是科技中介机构繁荣发展的前提。在经济体制转轨的过程中，下放政府职能是扩大中介需求的有效途径。将政府控制的某些中介业务如人才中介、技术交易合同、科技成果登记、鉴定评估等交由科技中介机构完成，将促进中介业务市场的发展。要纠正公众对中介的片面认识，引导企业和个人寻求中介服务。

（二）培育独立的市场主体，促进中介机构规范化运作

市场机制的基础是企业作为决策主体独立行使决策权，并为决策后果承担完全

责任。因此，培育独立的科技中介机构，是中国科技中介机构发展的关键。从中国实际出发，有两项重要的工作：一是现有机构的脱钩改制，这是当前的重点。挂靠政府部门的科技中介机构要在财务、人事、经营决策上彻底与原有主管部门脱钩，通过股份制改造，建立现代企业制度，真正成为独立经营、自负盈亏的法人。国有资本参股、控股的机构，或者政府新设立的科技中介机构（一般不鼓励，但一些特殊领域除外），政府部门仅仅扮演出资人的角色，而不得干预企业的日常经营。政府对科技中介机构的资金支持，借鉴国外的先进经验，应通过行业协会等中介机构进行，避免科技中介机构对政府的长期依赖。二是发展一大批民营科技中介机构，将之作为今后一个时期科技中介机构服务网络发展的一个重点。民营机构体制灵活，在人才引进、客户服务等诸多方面表现出独特的优势，要在融资、人才、基础设施等各方面为民营科技中介机构的发展创造良好的外部环境。

（三）发展中介行业协会，加强行业自律

要发挥中介行业协会在中介组织规范发展中的积极作用。一方面使中介行业协会成为中介组织与政府、公众和客户的桥梁，起到有效地沟通、协调作用；另一方面要发挥行业自律作用，完善中介执业标准，提高中介服务质量，加强对科技中介机构的监督，促进科技中介机构规范发展。要改革政府主导行业协会的模式，使行业协会作为中介的中介，坚持独立公正的原则。

（四）转变政府角色，加强行业监管，完善中介组织发展的法律法规体系

市场机制并非万能。市场机制只有与有效的政府监管相结合，才能更充分地发挥作用。中介业务对职业道德、信息披露的要求很高，在当前行业秩序比较混乱、绝大多数中介组织发展处于幼稚阶段的情形下，尤其需要政府充分发挥行业监管的作用。完善的法律体系是科技中介机构规范发展的根本保证。加快中介业务相关问题立法，完善现有法律，是中国科技中介机构发展的重要任务。

二、科技中介机构的战略管理

随着各类科技中介机构的发展，科技中介机构之间的竞争越来越激烈。尤其是我国加入世界贸易组织以后，随着外资科技中介机构的介入，无论是全国还是各个省市地区，科技中介机构之间的激烈竞争不可避免。从政府和全社会角度看，竞争

是保持各类科技中介机构活力、促进科技中介服务体系有效运转的重要手段。

在这种竞争的环境下，科技中介机构应加强自身建设，进行有效的战略管理，以期在市场中占有一席之地。科技中介机构的战略管理包括：发展战略选择、核心竞争优势塑造、业务拓展与客户资源管理、内部激励机制、企业文化建设几方面。

（一）发展战略选择

按照一般的企业发展理论，有三大类基本战略：扩张型发展战略、收缩型发展战略、稳定型发展战略。根据国内外大企业成长、壮大的发展经验，几乎没有一家企业通过滚雪球式的自身积累发展起来，大都通过兼并、联合而迅速扩张。

在扩张途径上，可选择横向发展、纵向发展和多元化发展。根据科技中介专业化的特点，多元化战略一般不适合。横向一体化是科技中介机构的首选，即在一个地区内部或跨地区收购、兼并同类型的企业。近年来，科技中介机构的纵向一体化正受到越来越多的重视，一个科技中介机构兼营咨询、鉴证乃至融资业务的现象很普遍。目前，大部分省份科技中介机构的规模普遍较小，再加上人员素质、执业范围、管理水平等方面的制约，尚没有能力实现纵向扩张，但要积极做好这方面的准备。

（二）核心竞争优势塑造

目前，中国科技中介机构间的无序竞争情况比较严重，竞争的方式往往表现为拼关系、拼价格、拼回扣，其做法有的甚至根本谈不上什么战略。随着技术市场的发展，客户对科技中介服务的要求越来越高，这种情况将很难维系。科技中介机构应根据市场环境和企业能力，制定合适的企业竞争战略，塑造核心竞争优势。

基本的竞争战略有三种：成本领先战略、服务差异化战略、集中战略。如果选择成本领先战略，就要千方百计地控制成本，以较低的服务价格占领市场，扩大市场占有率。这种战略只适合于一般小的科技中介机构。鉴于科技中介服务的高度专业化，成本领先战略的适用性不强。有一定实力的科技中介机构可以选择服务差异化战略，凭借自身的人才和经验优势，在一些关键执业方法上创造一套自己的行之有效的方法并严格保密，形成独特的服务产品。国际上一些大的科技中介机构均采用这种战略。各方面优势均不明显的科技中介机构可以采用集中战略，集中优势力量，盯准一个目标，全力以赴开拓目标市场，在相对狭小的市场上塑造自己的竞争优势。

（三）业务拓展与客户资源管理

客户资源是科技中介机构最宝贵的财富。客户资源管理可以采用 ABC 管理法。A 类是现在或将来对本企业的发展至关重要的客户，数量不多，但所占的业务量比重较高。对 A 类客户要提供具有针对性的高水平服务，与其高级管理层建立密切的工作关系乃至私人关系。C 类客户是一般客户，数量多，业务量小，要用贺年卡、征求意见书等廉价的方式保持经常联系。B 类界于 A 类和 C 类之间。

某些科技中介机构的客户群相对来说很不稳定，比如技术经纪公司，因此，对潜在客户的发展就显得非常关键。

（四）内部激励机制

专业的科技中介从业人员是科技中介机构最核心的优势。通过有效的人力资源管理建立内部激励机制，激发从业人员的积极性，对于科技中介机构来说比一般企业具有更重要的意义。

第一，要做好招聘工作。除了专业知识外，对科技中介从业人员来说，良好的语言和书面表达能力、沟通能力、心理素质、个人举止等都十分重要。第二，要建立良好的培训制度，制订与发展目标一致的培训计划。第三，要建立末位淘汰制，促使员工不断更新知识，提高工作技能。发达国家科技中介机构的人员流动率一般都比较高，有利于保持员工的压力感。第四，要实行项目负责人竞争上岗制。对科技中介机构的业务来说，项目负责人至关重要。建立项目负责人管理制度，实行项目负责人竞争上岗，体现公平、公开、公正，在分配上向项目负责人倾斜，可以为科技中介机构的服务质量打下坚实的基础。第五，要创造学习型组织。科技中介机构面临的环境比一般企业更为复杂多变，要求员工不断学习，掌握新的知识、技能。第六，要强化危机管理。科技中介机构的市场风险和经营风险很大，只有树立危机意识，才能使科技中介机构保持旺盛的生命力。第七，推行团队管理。一方面培养员工的合作精神，另一方面使每个成员的才能在团队中充分发挥。科技中介机构从业人员的学历层次、素质一般较高，在严格执行执业规范的条件下，科技中介机构适合采用扁平化的、柔性的管理。最后，要建立合理的薪酬制度，按照知识、贡献分配，广泛采用在职培训等各种丰富的激励手段。

（五）企业文化建设

企业文化是一种特定的理念，以价值观的形式扎根于员工的头脑中，渗透在各类管理活动内，从而引导、制约着企业及员工的行为。科技中介机构的企业文化建设，其作用在于提高科技中介机构内部的凝聚力，使员工的价值观与企业的核心价值观趋于一致，从而保证科技中介机构发展战略的实施。科技中介机构企业文化的塑造，既要考虑科技中介业务的特点，在员工中树立客观、公正、严谨、敬业、不断学习等价值观，又要服务于企业自身的战略。

在塑造科技中介机构企业文化的过程中，一方面要充分发挥管理层（合伙制的合伙人）的作用，从领导抓起；另一方面要依赖全体员工的努力，保证科技中介机构内部良好的沟通、反馈。

三、科技中介机构的风险控制机制建设

（一）科技中介机构的风险分析

从总体上看，科技中介行业具有较高风险。科技中介机构面临的风险可以分为外部风险和内部风险。

1. 外部风险

外部风险或者市场风险是同类科技中介机构共同面临的风险，是由市场和环境因素决定的。产生外部风险的主要原因有：

第一，社会对科技中介业务的认识不足，市场接受度不高。一方面，由于得不到企业和个人的普遍认同，科技中介业务的市场需求不足，业务量不稳定，这从根本上阻碍了科技中介机构的发展。尤其是在经济欠发达地区，人们的机会成本不高，客观上限制了对科技中介服务的需求；另一方面，对科技中介业务的认识不足使客户对科技中介机构产生过高的预期，增加了执业难度，客户满意度不高。在我国，许多科技中介业务推出的时间还比较短，要得到顾客的认同还需要一个过程。

第二，科技中介服务的高专业性、复杂性潜在风险。科技中介业务是无形产品，非标准化程度高，每一项业务都具有一定的特殊性。科技中介服务对信息的保密要求更为严格，小的疏忽可能给客户和自身带来很大损失。比如，一个普通的工厂可以在一定时期内始终用同样的原材料生产同样的产品，乃至供应给同一批供应商，而科技咨询类的科技中介机构每笔业务面临的客户都是不一样的，因此，要求科技中介机构必须具备很高的专业性。

第三，科技中介服务对客户的影响很大，承担着社会责任。科技中介机构对科技成果的评价直接决定技术能否转让、转让的金额，咨询信息直接决定客户的重大经营决策；相应地，潜在的风险也就很大。比如，会计师事务所等科技中介机构对投资者的决策影响很大，一旦执业出现错误，就将给投资者造成损失，将面临着诉讼风险，远远超过科技中介机构本身所能承担的程度。

第四，在科技中介业务发展初期，客户的违约现象非常普遍。与一般业务相比，客户更容易躲避违约责任。比如，房地产交易的双方绕过科技中介进行买卖，接受咨询的客户表面上拒绝科技中介机构的建议，实际却予以采纳从而躲避付款责任。由于我国总体的信用环境较差，科技中介机构面临的客户违约风险比一般企业更大。

此外，科技中介机构与其他企业一样，受到各种环境因素的影响，如经济衰退、政府政策变化等。随着社会经济的发展，科技中介机构的外部环境越来越复杂，服务对象越来越多元，服务内容越来越广泛，导致执业难度不断加大，产生错误的可能性也大大增加，承担的风险也越来越大。

2. 内部风险

内部风险或特有风险是单个科技中介机构所面临的风险，是由科技中介机构内部运作中的不规范因素引起的。产生内部风险的主要原因有：

第一，科技中介机构的风险意识薄弱。特别是以有限责任制形式注册的科技中介机构，其承担的法律责任在一定程度上得以淡化。科技中介机构内部缺乏有效的风险防范机制，执业人员风险意识不强。

第二，由于我国科技中介机构发展时间较短，绝大多数的科技中介机构尚未建立起有效的内部管理机制，执业标准化、规范化程度低，随意性大，问题积聚，埋下隐患。

第三，从业人员的职业道德建设有待提高，从业人员为了短期利益可能与某一方串通，从根本上损害科技中介机构的声誉和形象。

第四，科技中介机构从业人员的专业化水平不高。在职业培训滞后，没有严格的执业规范，从业人员的专业素质、执业能力和经验不能适应顾客的需求，很容易出现错误。此外，对某项具体业务，可将科技中介机构面临的风险分为来源于客户的固有风险（如客户违约）和科技中介机构从事该项业务的控制风险两类。

（二）风险防范机制建设

1. 外部风险防范机制建设

外部风险涉及同类科技中介机构的所有企业，不能靠单个企业自身的努力得以根本消除。因此，科技中介机构对外部风险的规避称为防范，而不是控制。主要有如下手段：

（1）加强宣传，树立公众对科技中介服务的正确认识，降低过高的期望。客户对科技中介业务往往抱有很高的期望，对科技中介机构提出过高的要求，并把相关责任和损失归咎于科技中介机构或科技中介从业人员。比如，管理咨询公司提供的咨询方案没有被客户很好地采纳和实施，但客户公司经营不善时，很可能把原因归咎于该咨询方案；再如，尽管审计人员采用了恰当的审计程序，按公认审计准则的要求处理了审计业务，可是仍然不能使一部分关系人感到满意，并认为自己的损失是审计人员的过失造成的；其他类型的科技中介机构也都面临这样的问题。此时，客户很可能诉诸舆论或法律，虽然科技中介机构一般不会在法律诉讼中败诉，但对科技中介机构的形象和声誉会带来极为不利的影响。因此，科技中介机构要向客户和公众准确宣传自己的作用、责任，让客户和公众清楚认识到科技中介机构以外其他客观原因可能给客户造成的各种损失。

（2）发挥联盟与协会的作用。外部风险防范措施具有一定的正外部效应，比如对某种科技中介业务的宣传能使同行都受益，因此一般由科技中介企业协会来做。科技中介协会是科技中介的科技中介，有利于科技中介企业之间分享信息和知识，提高成员企业的能力。对单个企业来说，积极参与科技中介企业联盟或协会可以发挥集体的作用，通过合作提高执业水平和防范风险的能力。

（3）加强执业过程中的风险防范。严格遵守执业规范是减少市场风险的重要保证。一方面，中央和地方政府对许多科技中介业务都制定了各种各样的法律法规，在产生法律纠纷时，是否遵守这些法律法规是责任追究的重要标准；另一方面，遵守相关法律法规和科技中介机构自身制定的执业规范，可以从根本上保证科技中介业务的质量，防止各种事故的发生，有效降低科技中介机构面临的各种风险。

（4）建立责任保险制度。参与保险是转移和分散风险的有效手段。科技中介机构的外部风险很大一部分源自其承担的社会责任，因此如果能把可能承担的赔偿责任转移给专业保险机构，就能降低科技中介机构的风险。所谓责任保险又称为第三者责任保险，承保被保险人（致害人）对第三者（受害人）依法承担的损害赔偿责任。责任保险的标的是赔偿责任，但不是法律规定的所有赔偿责任都可以投保。一般来说，只有过失或无过错行为造成的赔偿责任才可以作为保险标的，故意行为产生的赔偿责任不可以作为保险标的。责任保险分为产品责任保险、公众责任保险、雇主责任保险、职业责任保险四种，科技中介机构投保的是职业责任保险，即以科技中介机构专业人员的职业责任为保险标的。在成熟的市场经济国家，职业责任保险比较发达，成为科技中介机构防范风险的重要手段。我国保险产业的发展还处于初级阶段，险种相对单一。随着保险业的对外开放和快速发展，职业责任保险的推出有利于我国科技中介机构防范职业风险。

2. 内部风险控制机制建设

内部风险是单个科技中介机构所特有的，是可以通过采用科学、合理的措施避免或消除的，相应的措施称为风险控制机制。

（1）全面质量控制。控制内部风险的根本途径是进行全面质量控制。全面质量控制机制是指一个科技中介机构为合理地确保业务质量，按照客户（供需方）和自身的要求而采用的政策和程序。控制政策，是指科技中介机构为确保业务质量而采取的基本方针与策略；控制程序，是指为贯彻执行所制定的政策而采取的具体措施和方法。

科技中介机构应该在职业道德、业务承接、专业胜任能力、工作委派、指导与监督、内部监控等科技中介执业的各个方面采取必要的质量控制政策，并制定能够合理确信已达到质量控制目的的控制程序，提高科技中介机构的工作质量，把风险降至最低点。

①职业道德方面：科技中介机构的全体人员应该恪守独立、客观、公正的原则，遵守专业标准和职业道德要求。执业人员只要严格遵守各项专业标准和职业道德要求，执业时保持认真和谨慎，一般就不会发生过失，至少不会发生大的过失。

②业务承接方面：在承接业务时，科技中介机构要对客户（科技中介服务的委托人）进行一定的了解，包括客户的信用、财务状况等。对客户需求进行适当的筛选，如果某项业务风险太大，或本机构没有能力完成，则应该拒绝这种业务的委托。

③专业胜任能力方面：科技中介机构的从业人员必须具备全面的专业知识和执业能力。在专业能力胜任方面，首先，从业人员不得承接、从事其他所不能胜任或按时完成的业务。其次，科技中介机构一般采用项目组管理、团队管理的方式，项目组的负责人，也就是主要业务人员，要对助理人员和其他人员的工作承担责任。

④工作委派方面：科技中介机构要将承接的项目分派给那些已经达到本项目各项要求的从业人员，在工作委派时要考虑各种因素。首先，人员组合的合理性，在地位级别、专业能力、知识结构、业务经验、个人风格等方面综合考虑，一方面能更好地完成该项目，另一方面能使每个成员尽可能多地获得学习、提高的机会；其次，职责分工的合理性，这是保证项目效率的关键，要注意掌握级别对等的原则。

⑤指导与监督方面：为了保证科技中介机构内部所有从业人员从事的工作符合质量控制标准，要对各个层次的从业人员所从事的工作给予充分的指导和监督，必要时应该聘请有关专家进行协助。

⑥内部监控方面：科技中介机构应对其全面质量控制政策和相应的执行情况及其结果进行监督和检查，及时发现问题，不断完善质量控制方针，建立、健全各项质量控制程序，把风险降到最低。

此外，成本控制、时间与进度控制等也都是科技中介机构内部风险控制的重要内容。

（2）内部风险控制的具体制度。上文阐述了全面质量控制的环节和基本原则，在实际执业过程中，还要在上述原则的基础上建立各种具体的质量和风险控制制度。虽然各种科技中介业务的具体执业过程千差万别，质量和风险控制的重点也不同，但一般来说，应该建立下述具体制度：

第一，业务洽谈登记制度。为使科技中介机构能够统一对外承接业务，科技中介机构应该设立专门的部门人员负责客户的来访登记、业务洽谈。主要职责包括：负责客户的来访、接待和洽谈业务；向客户介绍科技中介机构的基本情况、业务范围；了解客户的基本情况和业务需求；建立客户档案，定期跟踪走访；将登记的业务及时转交给相关部门，进行客户分析和风险评估；等等。为实施相互制衡的质量控制机制，在一些规模较大的科技中介机构中，业务承接者与该业务项目的负责者要分离，即使一般执业人员自己承揽的业务也应事先交由业务登记部门统一登记管理，按照规定的程序，进行初步风险评估后，再决定是否接受委托，避免科技中介机构对外承接业务失控，带来风险隐患。

第二，业务风险评价制度。对某项具体业务，科技中介机构应对源于客户的固有风险和执业中的控制风险水平进行初步评估，以决定是否接受该业务，并确定在从事该项业务的过程中风险控制的重点环节和措施。为提高风险评估的标准化、规范化水平，科技中介机构应该建立项目风险等级评价制度。即根据本机构所从事业务的特点，确定风险的主要来源，制定统一的评价标准，对客户和承接的业务按风险大小划分等级。这将有利于执业人员在执业过程中有的放矢，加强关键环节的风险控制。

第三，全方位业务质量考核评价制度。科技中介机构为强化风险意识，应将执业质量与报酬挂钩。一是针对项目质量的考核评价，应建立项目质量考核评价指标体系，并与从事该项目成员的奖励、晋升挂钩，指标体系的设计要符合本机构所制定的执业标准。二是针对从业人员的考核评价，根据执业人员的工作态度、能力、业绩、工作质量等情况建立科学的评价体系，决定员工的晋升和奖励，使员工不断提高自身业务水平，保证业务质量。

第四，重大事项请示报告制度。风险控制要建立在完善的信息反馈基础上，如果科技中介机构的管理人员或合伙人不能及时掌握各控制环节的真实情况，风险控制就很难进行。因此，科技中介机构应建立各级别人员的重大事项请示报告制度，规定哪些事项必须向哪一级管理人员报告，如偏离原工作计划的重大事项、职业过程中的疑难问题、项目进展情况等。

第五，业务听证会制度。所谓业务听证会制度是指规定某些业务项目须提交由各方面人员组成的听证会进行业务听证，就风险评价、技术问题进行讨论，并形成听证意见，对防范和控制风险起到积极的作用。听证的项目一般限于重大项目，听证委员会成员一般由高级管理人员或合伙人、风险控制委员会或质量标准执行委员会等机构的成员担任。

第六，风险责任追究制度。科技中介机构应建立风险责任追究制度，在组织内部有关制度、文件中明确各级别人员的风险责任、奖惩措施和风险追偿责任，对因违反工作程序、执业标准造成风险损失的，给予降级、延缓晋升等处分，并追偿经济责任。

第七，独立审查监督制度。按照职责分离、交叉监控的原则，有条件的科技中介机构应该设立独立的质量审查监督机构，也可选择项目之外的其他合伙人或经理人员对项目质量进行监督。参与项目审查监督的人员和机构要对项目质量负责，共担风险。

由于各类科技中介机构风险的具体来源不同，控制的重点也不同，因此在具体制度的设计时要充分考虑所从事科技中介业务的特点。

第四节　科技中介机构的内部激励机制

人力资源是现代企业的战略性资源，也是企业发展的最关键因素。激励是人力资源的重要内容，目的是用各种有效的方法去调动员工的积极性和创造性，使员工努力完成企业的任务，实现企业的目标。因此，企业实行激励机制的最根本的目的是正确地诱导员工的工作动机，使他们在实现企业目标的同时实现自身的需要，增加其满意度，从而使其积极性和创造性继续保持和发扬下去。可以说，激励机制的好坏在一定程度上是决定企业兴衰的一个重要因素。如何构建有效的激励机制是科技中介机构面临的一个重要的问题。

一、员工激励的一般方法

所谓激励，就是影响人们内在需求或动机，从而加强、引导和维持行为的活动或过程。在人力资源管理中，激励特指组织创造满足员工各种需要的条件，激发员工的工作动机，使其产生实现组织目标特定行为的过程。在人力资源管理中，建立一种科学的激励制，会给企业带来很多好处，如吸引人才、开发员工潜能、留住优秀人才和造就良性竞争环境等。

自二十世纪二三十年代以来，工业与组织心理学家们就从不同的角度开始研究应怎样激励人的问题，并提出了许多激励理论。这些理论大体可以分为两类：内容型和过程型。内容型激励理论关注个体内部的激发、定向、保持和停止行为的因素。过程型激励理论则关注如何受外部因素的作用而激发、定向、保持和停止的。有代表性的内容型激励理论有马斯洛（Maslow）的"需要层次理论"、奥德弗（Oder）的"ERG 理论"、麦克利兰（McLelland）的"成就需要理论"、赫茨伯格（Herzberg）的"双因素理论"等。过程型激励理论主要有弗罗姆的"期望理论"、亚当斯的"公平理论"、波特和劳勒的"综合激励理论"、豪斯的"路径－目标理论"等。

常用的激励方法有：

（1）目标激励，就是确定适当的目标，诱发人的动机，以调动人的积极性。目标激励的作用通常表现在两方面：

第一，经过努力，目标实现的可能性越大，人们就越感到有信心，激励作用也就越强。因此，在管理过程中，要不断地为员工设立可以看得到的、在短时间内经过努力可以达到的目标。如果目标定得太远，员工就会有一种虚无缥缈的感觉。第二，目标效价，即目标实现后满足个人需要的价值越大，社会意义越大，就越能鼓舞人心，激励的作用就越强；当人们受到富有挑战性目标的刺激时，就会迸发出极大的工作热情，特别是事业心很强的人就更愿意接受挑战。目标不仅能极大地激发员工的工作热情、积极性和创造性，而且能统一人们的思想和行动，使绝大多数人向着一个目标努力奋斗。目标提出来以后，管理者要协助员工制定详细的实施步骤，在随后的工作中引导和帮助员工努力实现目标。

（2）责任激励，就是让每个人认识并担负起其应负的责任，激发其为所承担的义务而献身的精神，满足其成就感。责任激励可以采用不同的形式，例如，职务的委任、工作任务的委托，还有人们主动承担的责任。大部分人愿意承担一定的责任。一个人如果能接到上级交给的与自己的能力相当或略大于自己能力的任务，就会感到上级对自己的重视或重用，就会体验到自己的价值，就会努力去完成这个任务。

（3）工作激励。有些激励作用是间接的，例如金钱和物质激励。而工作激励是一种直接激励，就是让工作过程本身使人感到有兴趣、有吸引力，从而调动员工的工作积极性，增强工作本身的内在意义和挑战性，使员工具有自我实现感。

（4）事业激励。让员工把个人事业的发展与企业的前途命运紧密地联系在一起，可以充分调动员工的内在潜力。如果企业的事业发展了，则个人的事业也能得到发展。这样员工就会认真地考虑怎样才能把工作做好。如果一个人是在为一个事业而工作，那么他就不会对工资报酬过分敏感，而是全身心地投入到工作中去。

（5）培训和发展机会激励。当今世界日趋信息化、数字化、网络化。一方面，知识更新的速度不断加快，知识老化现象日益加快；另一方面，新的知识领域又在不断地涌现。因此，员工虽然在实践中不断丰富和积累知识，但是仍然需要进行专业证书学习、短期培训、出国进修，这些培训可以充实他们的知识，培养他们的能力，给他们提供进一步发展的机会，提高他们在现代社会中的适应能力和竞争能力，满足他们自我实现的需要。

（6）晋升激励，就是将表现好、素质高的员工提拔到高一级的岗位上去，以进一步调动其工作积极性。晋升要掌握一定的标准，最符合条件的人才能得到晋升，不能因为晋升了一个人，打击了其他多数人的积极性。

（7）经济激励，就是通过满足人们经济利益的需求，来激发人们的积极性和创造性。根据经济人假设，经济利益是人们努力工作的最主要的激励力量，企业要提高员工的工作积极性，最好的办法是用经济利益对员工进行激励。但是，要使经济利益成为一种激励因素，管理者必须记住下面几件事：第一，金钱的价值不一。相同数量的金钱对不同收入档次的员工有不同的价值。第二，经济激励必须公正。一个人对他所得的报酬是否满意不是只看其绝对值，还要把自己所得到的报酬进行历史比较和社会比较，通过比较判断自己是否受到了公平对待。第三，经济激励必须反对平均主义。员工的奖金必须根据个人业绩来发放，否则奖金就会由激励因素变成保健因素。

（8）强化激励，是指对人们的某种行为给予肯定和奖励，使之巩固和发扬光大；或者对某种行为给予否定和惩罚，使之减弱和消退的过程。前者称为正强化，后者称为负强化。

（9）参与激励。现代员工都有参与管理的要求和愿望，创造和提供机会让员工参与管理是调动他们积极性的有效方法。建立员工参与管理、提出合理化建议的制度，可以提高员工的主人翁参与意识。让员工参与管理，可以集思广益，管理者可以听到更多的关于企业发展的好建议。对员工来说，可以形成员工对企业的归属感、认同感，可以进一步满足员工的自尊和自我实现的需要。

（10）情感激励，就是通过建立良好的情感关系，激发员工的士气，从而达到提高工作效率的目的。在一个团体内，成员之间的情感关系如何，直接影响着团体的工作效率。亲密、和谐、协作的关系有助于提高工作效率；嫉妒、紧张的关系则可能使工作效率下降。情感激励的运用要求管理者做到以下三点：一是善于体察人心，及时感受到员工的思想和情感变化，并根据这些变化采取相应的措施；二是善于根据人的不同特点，选择不同的情感交流方式；三是要真诚，真正关心、尊重和信任下属，不搞形式主义。

二、内部激励的基本原则

有效的内部激励机制是调动员工积极性、保持科技中介机构长盛不衰的保证。激励机制的设计要遵循如下基本原则：

（一）物质激励与精神激励相结合的原则

激励机制是一种通过全方位、多层次的激发，使员工在综合力量的推动下，发挥自己潜能的机制，是通过一套理性化的制度来反映激励主体与激励客体相互作用的方式，可分为内在激励和外在激励。内在激励包括对工作本身的兴趣、价值、挑战，性以及工作者的责任感、成就感和荣誉感，类似精神激励。外在激励是指对工作绩效给予一定的工资福利和提升机会，类似物质鼓励。物质需要是人类的第一需要，是人们从事一切社会活动的基本动因。所以，物质激励是激励的主要模式，也是目前我国企业内部使用得非常普遍的一种激励模式。随着我国改革开放的深入发展和市场经济地位的逐步确立，"金钱是万能的"这一思想在相当一部分人的头脑中滋长起来，有些企业经营者一味地认为只有奖金发足了才能调动职工的积极性。但在实践中，不少企业在使用物质激励的过程中，耗费不少，而预期的目的并未达到，员工的积极性不高，反倒贻误了企业发展的契机。例如，有些企业在物质激励中为了避免矛盾而实行不偏不倚的原则，极大地抹杀了员工的积极性。因为，这种平均主义的分配方法非常不利于培养员工的创新精神，平均等于无激励；而且，目前中国还有相当一部分企业没有力量在物质激励上大做文章。事实上，人类不但有物质方面的需要，更有精神方面的需要；既是经济人，更是社会人。美国管理学家皮特就曾指出"重赏会带来副作用，因为高额的奖金会使大家彼此封锁消息，影响工作的正常开展，整个社会的风气就不会正"。因此，企业单用物质激励不一定能起作用，必须将物质激励与精神激励结合起来才能真正地调动广大员工的积极性。

（二）公平的原则

首先，公平的原则体现在激励机制的构建要在广泛征求员工意见的基础上，出台一套大多数人认可的制度，并且把这个制度公布出来，在激励中严格按制度执行并长期坚持；其次，要与考核制度结合起来，这样能激发员工的竞争意识，使这种外部的推动力量转化成一种自我努力工作的动力，充分发挥人的潜能；最后，在制定制度时要体现科学性，也就是做到工作细化，企业必须系统地分析、搜集与激励有关的信息，全面了解员工的需求和工作质量的好坏，不断根据环境条件的改变制定出相应的政策。

（三）差别激励的原则

激励的目的是为了提高员工工作的积极性，而影响工作积极性的主要因素有：工作性质、领导行为、个人发展、人际关系、报酬福利和工作环境等。这些因素对于不同企业所产生影响的程度大小也不同。由此可见，企业要根据不同的类型和特点制定激励制度，而且在制定激励机制时一定要考虑个体差异，例如女性员工相对而言对报酬更为看重，而男性则更注重企业和自身的发展。在年龄方面也有差异，一般20～30岁的员工自主意识比较强，对工作条件等各方面要求得比较高，因此"跳槽"现象较为严重；而31～45岁的员工则因为家庭等原因比较安于现状，相对而言比较稳定。在文化方面，有较高学历的人一般更注重自我价值的实现，除物质利益外，他们更看重的是精神方面的满足，例如工作环境、工作兴趣、工作条件等，这是因为他们在基本需求能够得到保障的基础上更着重追求精神层次的满足，而学历相对较低的人则首要注重的是基本需求的满足。在职务方面，管理人员和一般员工之间的需求也有不同。因此，企业在制定激励机制时一定要考虑企业的特点和员工的个体差异，这样才能收到最大的激励效力。

（四）多种激励方式综合运用的原则

企业可以根据本企业的特点而采用不同的激励机制，例如可以运用工作激励，尽量将员工放在他所适合的位置上，并在可能的条件下轮换一下工作，以增加员工的新奇感，从而赋予工作以更大的挑战性，培养员工对工作的热情和积极性。此外，企业可以运用参与激励，通过参与，使员工形成对企业的归属感、认同感，可以进一步满足员工自尊和自我实现的需要。我国企业职工参与企业决策和企业管理的渠道有许多，其中，职工通过"职代会"中的代表参与企业重大决策较为普遍。现在荣誉激励的方式在企业中采用的也比较普遍。实际上，激励的方式多种多样，主要是采用适合本企业背景和特色的方式，并且制定出相应的制度，创建合理的企业文化。企业综合运用不同种类的激励方式，就一定可以激发出员工的积极性和创造性，使企业得到进一步的发展。

（五）激励与约束相对称的原则

激励是指通过积极的手段激发人的内在潜力，开发人的能力，充分发挥人的积极性和创造性，使每个人都感到力有所用、才有所展、劳有所得、功有所奖。约束是指通过相对消极的手段限制人的行为，使每个人知道什么不可为。激励和约束要对等，如果仅靠激励而约束不足，则可能导致懈怠散漫的组织作风；如果仅靠约束而激励不足，则可能形成不负责任、积极性下降和消极抵制的行为。

三、激励机制的建立

综合上述原则，构建科技中介机构有效激励机制的内容如下：

（一）建设独特的企业文化

管理在一定程度上就是用一定的文化塑造人。企业文化是企业的核心理念、经营哲学、管理方式、用人机制、行为准则的总和，是人力资源管理中的一个重要机制。其中，最为主要的是企业的核心价值观。这个价值观是在企业成长过程中不断沉淀积累的结果，是根据所从事行业的特点和外部环境的变化而不断批判和继承的结果。企业在价值观的引导下，会聚集起一批具有相同价值观的员工。这些员工在相互认同的工作方式和工作氛围里，为共同的价值目标而努力，使企业具有极强的凝聚力和竞争力，最终赢得竞争的胜利，取得企业的扩张和发展。例如，企业社会美誉度是员工得到的文化待遇；企业的经营管理经验和技术积累是宝贵的个人竞争资本；学习文化是员工的一种隐性收入。因此，企业首先要努力创造一种恰当的氛围，激励员工的工作激情，强调对工作的责任感，强调每个员工的主人翁地位，让员工树立归属感。只有当企业文化能够真正融入每个员工个人的价值观时，员工才能把企业的目标当成自己的奋斗目标，可以为企业的长远发展提供动力。这种舍弃商业的利益关系，淡化主客体，在利益一致性的基础上产生卓越的执行文化、人格的一致性追求，应该是所有激励的极致。

（二）建立科学、合理的薪酬体系

薪酬在任何企业都是非常基础的东西。一个企业需要具有一定竞争能力的薪酬体系来吸引人才，还需要具有一定保证力的薪酬留住人才。在现实社会中，最为直接、有效的激励方式就是薪酬分配。但是，如果分配制度令员工不以为然或者觉得理所当然，那么分配制度一定是失败的；而没有达到激励效果的分配对企业而言，是一种极大的损害。因此，企业应结合自身环境、条件等建立科学合理、具有竞争力的薪酬体系。例如，完全以市场为导向的企业可以取消或部分取消固定工资，采用与业绩挂钩的弹性工资和灵活福利方案，即按业绩付酬制。这样，企业可以解决困扰它们的部分问题，如高额的固定成本工资，超过生产率增长速度的加薪，员工认为薪金即分内应得的心态等。当然，按业绩付酬体系应该具有明确的目标、周详的考核标准、及时的回报等配套措施。企业通过建立科学合理的激励性薪酬体系，加大内部分配浮动比例，充分体现"按劳分配"原则，丰富物质奖励手段，增强激励效应，将员工的收入与业绩挂钩，促进内部良性竞争，形成"能者上、平者让、庸者下"的用人机制，有利于激发出每个员工的内在潜力。

（三）建立完善的考核评价体系

完善的考核评价制度是激励机制的基础。只有在公平、公正、合理考核评价的基础上，激励机制才能真正发挥作用。从企业管理实践来看，考核评价制度主要需要解决三个关键问题：一是考核标准要取向积极、要求明确。考核标准体现着一个组织的价值取向。建立什么样的考核标准，意味着一个组织鼓励自己的成员做什么样的人。古今中外"上有好者，下必甚之"，概莫能外。美国管理专家米契尔·拉伯福认为，世界上最伟大、最简单，然而也最易被人忽略的管理原则就是：你想要什么，就该鼓励什么。因此，企业要明确和始终贯彻积极的价值标准，这是建立企业人员考核体系的第一步。二是考核方法要科学合理、切实可行。在评价方法上，可采用定性与定量相结合的评价方法。通过它们之间一定比例的互相牵制能使总的评价尽可能地做到客观、公正和准确。三是考核过程要按章办事、奖罚兑现。企业必须将自己的考核体系（包括考核标准、考核程序和考核方法等）视同企业的法律，并做到奖罚兑现。只有解决了这三个问题，企业才会形成一套科学的人员考核制度，才能解决科学评价的问题，为企业激励机制的建立提供保证。管理是科学，更是一门艺术，人力资源管理是管理人的艺术，是运用最科学的手段和更灵活的制度调动人的情感和积极性的艺术。任何企业要发展都离不开人的创造力和积极性。因此，科技中介机构一定要重视对员工的激励，根据实际情况，综合运用多种激励机制，把激励的手段和目的结合起来，改变思维模式，真正建立起适应企业特色、时代特点和员工需求的开放的激励体系，使企业在激烈的市场竞争中立于不败之地。

四、薪酬体系设计

由于薪酬制度是企业激励机制的基础和关键，这里集中进行讨论一下薪酬体系设计。

（一）薪酬标准制定的原则

收入分配问题是激励的核心问题。如果收入差距过大，过于向合伙人、出资人或高层管理人员倾斜，就会挫伤一线员工的积极性，激化员工的不满情绪，尤其是短期行为，将影响执业质量，损害科技中介机构的信誉并使人才流失。如果收入分配过于平均，则起不到应有的激励作用，员工会产生不愿承担责任的倾向。因此，合理的收入分配制度和薪酬体系设计对科技中介机构的发展至关重要。收入分配的基本问题是确定出资人和非出资人，或者管理层与普通员工的薪酬标准，尤其是收入分配差距。一般来说，出资人之间的收入分配标准在合伙协议中有所规定，相对容易处理，关键是确定出资人与非出资人的差距以及不同非出资人之间的差距。

确定薪酬标准一般要坚持如下原则：

1. 与风险责任挂钩原则

科技中介机构的风险较大，会计师事务所、资信评估机构等要承担法律责任，管理、信息咨询等业务面临较大的客户压力。在执业过程中，谁承担的风险更高，比如最终签字并承担责任的人，相应的就应该获得更高的报酬，以体现风险的价值。

2. 与绩效相一致，实现内部公开原则

员工的绩效就是对企业的贡献，是员工积极付出的结果，体现了付出与回报相对等的原则，可以激发员工的积极性，不断改进工作绩效。按每个员工的工作绩效分配所得，也最大限度地保证了不同员工之间的公平。

3. 体现外部公平原则

员工的薪酬要根据其专业知识、执业技能、社会关系，体现人才的市场价值，当员工感到在本企业的报酬不足以体现自己的价值时，就可能跳槽。

4. 弹性原则

薪酬的刚性不仅容易使员工产生惰性，没有危机感，还容易挫伤员工的进取心。因此，科技中介机构应建立起富有弹性的分配制度，打破按资排辈分配收益的僵化模式，使员工的报酬根据其工作绩效可高可低，动态调整，充分激发员工的进取心。分配制度改革直接涉及员工的根本利益，是我国科技中介机构改革中的一个难点。

（二）制定薪酬策略要考虑的内容

组织在设计薪酬策略时，需要考虑的内容主要包括薪酬水平策略和薪酬结构策略。

1. 薪酬水平策略

薪酬水平策略包括领先型、跟随型和滞后型策略三种。在实际应用中，组织可以采用多种薪酬水平相结合的策略。管理人员可根据不同的职业类别制定不同的薪酬水平，比如核心员工的薪酬水平高于市场平均水平，而一般员工等于或低于市场平均水平；或者可根据不同的薪酬形式制定不同的薪酬策略，比如基本工资略低于市场平均水平，而激励工资远远高于市场平均水平。

领先型策略能够最大限度地发挥组织吸引和留住员工的能力，可以把员工对薪酬的不满减少至最低，能弥补工作中令人乏味的因素。但这种策略也有消极影响，如果组织不调整现有员工的工资，那么那些工作经验丰富的员工就会感到很不公平。

跟随型策略尽量使组织的薪酬成本接近于竞争对手的薪酬成本，使组织吸纳员工的能力接近其竞争对手吸纳员工的能力。但这种策略并不能使组织在劳动力市场上处于优势。这种策略是组织最常用的方式。

滞后型策略也许会影响组织吸纳潜在员工的能力。但是，如果采用滞后型策略的组织能保证员工将来可以得到更高的收入（如员工持股），那么员工的责任感会提高，团队精神也会增强，从而组织的工作效率也会提高，因此这种策略对激励员工的影响很不明确。况且，组织有可能在采用这种策略的同时，在其他方面处于领先地位（如有挑战性的工作、理想的工作地点、杰出的同事等）。

2. 薪酬结构策略

薪酬结构包括基于职位的薪酬结构、基于绩效的薪酬结构、基于技能的薪酬结构和基于市场的薪酬结构。在具体的应用中，四种基本的薪酬结构进行巧妙的组合，不仅可以降低组织的人工成本，而且可以最大限度地激励员工的积极性。

基于职位的薪酬结构把员工的薪酬与其所从事的工作职务联系起来。优点是员工的期望明确，能激励员工的进取精神，真正实现了同岗同酬，内部公平性比较强。缺点是忽视了知识和技能不同的员工会为企业创造不同的价值，无法激励员工努力掌握组织需要的知识和技能，缺乏外部公平性。

基于绩效的薪酬结构让薪酬与工作绩效和员工的贡献直接挂钩。优点是收入与工作目标的完成情况直接挂钩，有利于员工明确自己的努力方向，并能调整自己的行为习惯和工作目标。缺点是员工在考虑个人绩效时，会造成部门或团队内的不良竞争，并且绩效付酬对员工的刺激作用大，长期使用会产生不良的导向。

基于技能的薪酬结构把员工的薪酬与一个人获得的与工作有关的技能、能力和知识的深度或广度联系了起来。优点是鼓励员工尝试更多的工作，钻研更新的工作方法，自觉掌握新的工作技能和知识，这能激励员工不断学习并具有创新能力。缺点是界定和评价技能不是一件容易做到的事情，管理成本高。基于市场的薪酬结构是根据市场价格确定组织薪酬水平。

采取薪酬结构的优点是组织可以吸引和留住核心员工，通过调整那些替代性的核心员工的薪酬水平，从而节省人工成本，提高组织竞争力。缺点是市场导向的工资制度要求组织有良好的发展能力和盈利水平，否则难以支付与市场接轨的工资水平；完全按市场付酬，薪酬的内部差距会很大，影响了组织内部的公平性。

（三）薪酬设计的动态策略

科技中介机构会经历四个阶段：创立期、成长期、成熟期和衰退期，呈动态性发展，并且在不同的阶段会呈现不同的特点。为增强薪酬策略对于不同阶段的针对性，组织应动态地设计薪酬策略。

1. 初创阶段的薪酬策略

科技中介机构刚刚开始起步时，通常是政府为了把科技成果产业化，并将其转化为生产力而成立的。这个阶段的组织是政府资助设立的非营利机构，由政府全额拨款。这一阶段常会出现科技成果转化渠道不畅通等问题，科技成果转化的社会效益和经济效益都较低，因此激励的目标就是吸引和留住核心员工。在这一阶段，可实施滞后型薪酬水平策略，以降低组织的人工成本，提高其盈利水平。同时，在组织薪酬水平低于市场平均水平的情况下，为了吸引和留住核心员工在组织工作，可对核心员工实行较高的长期激励薪酬，让核心员工与机构形成利益共同体，从而调动核心员工的积极性、主动性和创造性，以增强组织的凝聚力。

在初创阶段，组织规模小，结构简单，控制跨度宽，是一种扁平式组织结构形式，这时组织的薪酬策略应强调非货币收益的薪酬。营造一个宽松的工作环境，让员工在机构实现自我价值和自我发展，满足其成就欲和创造欲，以激发其工作热情。这个阶段的组织具有国有性质，所以其薪酬结构宜采用以职位薪酬结构为主的策略，而不是传统的按资历和行政级别的付酬策略。在这种策略下员工可通过的职位晋升来晋级薪酬，从而调动员工努力工作争取晋升机会的积极性。

2. 成长阶段的薪酬策略

这一阶段的科技中介机构一般是事业单位的编制。在经济上，这些科技中介机构可能会依靠主管部门部分拨款，可能是完全自收自支，故这个阶段的组织大多是向企业化、市场化、专业化发展。这一阶段的组织面对的问题比较多，服务功能须向多元化发展，组织结构需要规范化、专业化和职能化，日常管理需要制度化，组织开始适应外部市场的变化，经营方式向企业化转化，因此激励的目标就是让员工积极地掌握组织需要的知识和技能，与组织业务结构和新增的服务功能相适应。在这一阶段，组织可实施跟随型的薪酬水平策略，不仅可以留住组织的核心员工，还可以吸引拥有新知识、新技能的人才。在财力允许的情况下，组织可以对核心员工有年底分红、项目奖励、员工持股等长期激励措施。

基于科技中介机构正处于向企业化、市场化和专业化转化的阶段，组织的薪酬结构应向以知识和技能工资为主、与职位和绩效相结合的方式转变，既可激励员工积极地掌握组织所需要的知识和技能，又能激励员工努力提高绩效，并且可以使组织的发展有一定的衔接性。

（四）成熟阶段的薪酬策略

这一阶段的科技中介机构可能会从非营利机构向营利机构转化。不管组织是哪一种机构，其科技成果转化的效果和效率都会有很大的提高，经济效益与社会效益会持续高速增长，并且随着机构盈利能力的增强，销售收入和利润都会增加，所以管理的重心在于控制成本、提高管理和运作效率。

在成熟阶段，可实施几种薪酬水平相结合的策略。组织可采用有竞争力的基本工资（组织盈利能力的日益增加）、较高的奖金奖励（建立稳固的市场地位）和较低福利的薪酬组合，以提高员工的积极性，增强对社会上优秀人才的吸引力。对于核心员工，中等的股份奖励仍是一种高效的长期激励措施。同时，成熟阶段的组织应更注重非货币收益薪酬。为调动员工的工作积极性，组织可实行工作轮换、工作扩大化和工作丰富化等激励手段和措施，这样就丰富了员工的工作内容，增强了员工的工作自由度和独立性，强化了员工的责任感，将有助于降低员工的流动率。

在这一阶段，组织的薪酬结构应采用以知识和技能工资为主，与职位和绩效相结合的薪酬结构策略；既可激发员工掌握组织需要的知识和技能的主动性与积极性，又可激发员工提高绩效的潜能。同时，对于组织缺乏的专业人才或者是高级管理人才，组织可采用基于市场的薪酬结构策略。

（五）衰退阶段的薪酬策略

当科技中介机构处于衰退阶段时，利润与销售收入均成负增长，机构财务状况逐渐变坏，员工流动性增大。最恰当的发展战略是争取盈利并转移目标，转向新的投资点。

进入衰退阶段后，组织应当实行不低于中等水平的基本薪酬、标准的福利水平。由于利润与业务收入均大幅度下滑，短期激励报酬应以中低档为宜，长期激励应考虑使用非现金形式激励计划。

在薪酬结构策略上，组织可以继续采用以前的方式，但是要减少绩效在薪酬中的比例，因为在组织增长缓慢或困难时，绩效薪酬对员工的激励度下降；而且当员工拿不到高的物质方面的薪酬时，可能会选择离职或消极工作。

当然，并不是所有组织都经历了上述每个阶段，况且各个组织所处的生命周期的战略条件是不同的，因此，不能简单、僵化地将整个组织划归到某一阶段而采用一样的薪酬激励策略。

第五节　科技中介机构发展的国际经验

一、科技中介机构发展的人才环境

（一）科技中介机构执业人员的素质

目前，在我国大中城市共有各类科技中介机构8万多个，从业人员约130余万人。各类科技咨询机构有 1 万多家，从业人员近 40 万人。生产力促进中心已发展到 1200 余家，从业人员 14 000 多人，服务企业 9 万多家；通过各种服务使企业增加销售额 644 亿元，增加利税 89 亿元，共为社会增加就业 175 万人。不同层次、不同目标和不同功能的科技中介机构以其专业知识、专业技能为基础，为企业技术创新提供了管理、技术、信息、人才、财务、法律等方面的服务，对促进科技成果转化，加速科技成果产业化，沟通政府与企业、科技机构与企业之间联系，促进科技与经济相结合起到了积极作用。

但是，从整体上看，我国科技中介机构的发展仍处于起步阶段，一些科技中介机构是从政府部门分离出来的，不仅在运行方式上遗留着行政机关的烙印，机制不活，人浮于事，等客上门，其主要业务也仅仅限于原有的行政管理范围，对政府的依赖性强，服务内容单一，系统服务能力不足，满足不了日益增长的服务需求。特别是科技中介队伍人才素质不能满足服务的需要。

合格的科技中介服务人才是为技术创新、经济发展提供有效的科技中介服务的关键。科技中介服务是一种非常专业的工作，具有技术、营销、法律专长和良好产业关系的人组成的团队才能胜任。发达国家的科技中介机构对人员的要求是贵在专精，这些机构虽然人员不多，但专业人员的素质却很高，他们大多具有理、工、商、法律中两种或两种以上的专长，而且大都曾有在企业工作的经历。

但是，从我国目前的科技中介机构人才队伍状况看，有不少从业人员专业能力不足，知识背景比较单一，在市场中开展服务的经验不足，从业队伍整体素质不高。从事科技中介服务的大部分人员都是半路出家，在中介服务业务方面没有受过系统的教育和培训。相当一部分从业人员专业能力不足，熟悉科技中介服务业务的跨学科、高素质的复合型人才和管理人才严重缺乏。而高素质的复合型人才和管理人才是当今知识经济时代科技中介服务中最受关注的、竞争最为激烈的、不可或缺的人才群体。许多中介机构规模小，经营能力差，对高素质服务人才缺乏吸引力，难以在市场上找到满意的从业人员，造成人才短缺。个别素质较低的科技中介从业人员甚至缺乏职业道德，不顾行业信誉，导致社会上存在"轻视中介、怀疑中介、嫌弃中介"的倾向。我国每年创造两万多项科技成果，但科技成果转化率不到15%。我国科技成果转化率低，原因是多方面的，但缺乏一大批高素质的科技中介人才是重要因素之一。因此，培育一大批高素质科技中介人才，壮大科技中介队伍是当务之急。科技中介机构需要的是既有一定的专业技术知识，又懂法律且善经营的复合型人才。复合型的高水平科技中介从业人员必须具备的基本条件应包括如下几个方面：

1. 知识体系

作为复合型的高水平科技中介从业人员，要想对技术创新及其成果产业化的全过程进行跟踪服务，就必须对此过程中所涉及的专业技术、法律、经济、管理、金融等领域的相关知识有广泛的了解。

（1）专业技术知识。在掌握技术商品的研究开发、试验、试制、规模生产等基本科技常识的基础上，作为复合型的高水平科技中介从业人员，还要对所从事的专业技术领域精通或熟悉，并了解专业技术领域的现状，做到能够独立对有关科技成果进行初步的判断和评价。

（2）法律法规知识，包括对技术交易过程中涉及的《中华人民共和国技术合同法》《中华人民共和国专利法》《中华人民共和国税法》《中华人民共和国企业法》《中华人民共和国民法》等的了解，尤其是对《中华人民共和国技术合同法》及其实施条例和有关的技术交易的法规要非常精通，熟悉技术合同的洽谈、签约和仲裁，还要熟悉国际保护工业产权的法律和条约的相关知识等。

（3）经济管理知识。对于技术交易及实施过程中所涉及的金融、财务、市场营销、调查统计、企业管理等方面的知识，技术中介从业人员也应当有很好的了解，做到能够对技术成果的未来发展前景有较好的展望。

（4）市场行情知识。作为一种特殊商品，技术成果的交易价格及交易的成功与否在很大程度上受相关市场行情的影响，如资金的供求形势、风险投资的总体经营状况、相关产品的竞争状况、同类技术的供求状况等。

2. 能力体系

在上述知识体系的基础上，复合型的高水平科技中介从业人员还必须具备一定的能力，使自身所具备的知识得以更好的发挥，才能提供更全面的中介服务。

（1）鉴别能力，是指能够在众多的技术成果当中，通过初步的分析和评价，选择出真正具有发展前景的技术成果。只有这样，才能够在有限的精力下实现对技术项目的全程服务。

（2）组织能力，即组织技术展览会、技术交易洽谈会等大型活动的能力。这些活动是获取有关信息的重要渠道。

（3）协调能力，即协调技术方和投资方的不同要求，促成最终交易的能力，以及技术交易与实施过程中其他有关问题的协调。

（4）谈判能力。在技术交易与实施的过程中，贯穿着科技中介与技术方的谈判、科技中介与投资方的谈判、技术方与投资方的谈判，甚至投资方与金融机构的谈判、技术方内部的谈判、投资方内部的谈判等谈判环节；其中，多数环节都必须有中介机构的存在，或者中介机构的存在能够促进谈判达成一致。因此，科技中介从业人员的谈判能力也是至关重要的。

（5）表达能力，是指按照逻辑思路把自己所提供（或代理）的业务（或项目）表达清楚的能力，这是让投资方了解技术方及其成果的重要环节。

（6）策划能力，是指中介机构要能够根据技术供求双方的特点，提出既能够满足双方要求，又能保障自身收益的技术交易和实施方案。

（7）学习能力，是指在工作中不断总结经验、更新知识的能力。这是在技术创新周期日益缩短的情况下，科技中介从业人员必须具备的能力。

3. 品德体系

作为科技中介来说，其行为实际上是对技术方、投资方、中介方，甚至更多相关机构的利益协调过程。因此，科技中介从业人员的品德状况直接影响相关各方的利益关系，当然也影响中介机构的自身发展。科技中介从业人员在执业过程中应遵循如下几个原则：

（1）诚信原则。从技术方、投资方和中介方三者之间的关系来看，三方之间都存在信息不对称的问题。因此，只有把握诚信原则，才能真正实现三方的顺利合作。在当前缺乏行业规范的前提下，科技中介机构从业人员的诚信问题就显得更加重要。

（2）公平原则。从根本上来说，科技中介的重要工作就是对技术方和投资方之间的利益关系进行协调。因此，在服务的过程中，科技中介机构必须把握公平原则，不能偏袒一方，坑害另一方。正是由于大量不公平事件的出现，大大降低了科技中介机构在社会上的地位和形象。当然，科技中介机构如何保证自身的利益不会因为技术供求双方的串谋而造成损失也是非常重要的。

（3）合作精神。在提供中介服务的过程中，中介人员不能把技术交易与实施的过程看做技术方和投资方之间的合作，而把自己看作局外人。科技中介机构只有把自身也纳入合作的范畴中，才能更好地为技术供求双方服务，自己才能获得更好的发展。目前，有的中介机构把中介费用完全变为股权的做法，实际上就是一种合作精神的展示。

(二) 专业人才的培训

科技中介机构对从业人员的素质要求很高。世界上所有成功的科技中介机构都拥有一批高水平的人才，尤其是科技咨询机构。美国咨询公司的人员素质很高，公司要求从业人员有相应的文凭、工作经验和道德标准，大型公司每年还要对咨询人员进行多方面的培训。日本著名的野村综合研究所、社会工学研究所、未来工学研究所等，从业人员都在 100 人以上，其中硕士、博士占一半左右。英国技术集团（BTG）是一个典型的、经营规范的科技中介公司。该公司在伦敦、费城和东京设有分支机构，共有 180 名职员，一多半是科学家、工程师、专利代理、律师和会计师。该公司的主要业务是帮助委托人申请专利、技术转让评估和实施专利授权。由此可见，建立一支高素质的专业人才队伍是科技中介机构专业化建设的重要保证。

科技中介业务具有极强的专业性，普通人才很难胜任。随着科技中介市场环境的变化，对科技中介执业的质量要求越来越严格，对科技中介从业人员的专业要求也越来越高。因此，科技中介机构的后续教育对保证执业质量，以及提高专业化水平和发展潜力具有十分重要的意义。世界著名中介机构都十分重视对员工的培训，员工培训费占机构年收入的比例都在 5% 以上，最高的甚至达到 10% 以上。因此，建立完善的专业人才培养制度是科技中介机构专业化发展的重要内容。

科技中介机构在对员工进行培训时，首先要端正对人力资源的正确认识。对员工的培训，无论是对高素质的员工，还是对一般素质的员工，都是提高人力资本投资回报率的过程。人的素质提高后，通过人所生产和提供的产品和服务的质量也随之提高，会给企业带来超过培训费的效益。尤其是对中介机构的长远发展来说，庞大的专业人才队伍是提高行业地位的根本措施。提高培训质量是培训的关键。中介组织应该规划和设计一套与科技中介机构实际情况和发展战略相适应的培训体系，无论是培训科目的设计、培训计划的拟定和实施，还是培训效果的考核和评估都要注重本企业目标的实现。培训制度化是提高培训质量的根本保证。对培训内容、培训方式、培训时间，乃至教材、教师等都应制定明确的标准。

一般来说，中介机构的培训制度包括两部分：一是基础培训，二是高级培训。接受基础培训是中介机构每个成员的基本权利，一般包括：职业培训，目的在于提高专业胜任能力和职业水平，包括管理制度、工作规程、专业知识和技能等内容；项目培训，即在委派一个员工参与某个项目之前，聘请有关专家或富有经验的人员对其进行培训，内容主要是与该项目有关的知识和技能；高级培训是中介机构以奖励的形式为具有一定贡献的员工提供的机会，如进修、参加研讨会等。

首先，我国中介机构对员工培训的重视普遍不够，加之从业人员素质较低，广泛开展各种形式的培训十分有必要。由于很多中介机构的规模小，没有能力独立开发教材，组织系统培训，因此，应注重组织内部学习交流，鼓励员工自学，一些培训内容可联合其他企业共同进行。

其次，我国应该多层次、多形式、多渠道地加速科技中介人才的培养，重点抓好技术经纪人、高新技术专利代理人等队伍的建设，开展注册咨询师资格认证和管理工作，建立有利于科技中介人才培养和使用的激励机制。

我国的相关部分要组织科技中介机构学习和借鉴国外的成功经验，既要学习国外科技中介机构先进的管理经验和专业化运作模式，也要学习国外政府在扶持、引导和管理方面积累的成熟经验。对国外比较完善的制度和规范，有条件的地方可以率先实施，并结合我国的具体国情逐步加以改进和创新；有的可以高薪聘请国外人才讲课或在机构中担任职务，以便面对面地、更直接地向他们学习；有的也可以派业务骨干出国进行短期或长期学习，真正学到最核心的经验、知识和技能。

最后，我国要大力开展培训工作，尽快提高从业人员的业务水平和素质。各级科技管理部门和各类科技中介机构必须清醒地认识到，目前从事科技中介服务的大部分人员都是改行过来的，在中介服务业务方面没有受过系统的教育和培训，再学习、再培训的需求尤为迫切。科技中介机构要把培训作为促进自身发展的一项基础性工作，对从业人员必须掌握的基本知识和技能提出明确要求，根据人员知识结构有针对性地确定培训重点，制订相应的培训计划，并在时间和经费上予以保证。培训内容既要包括法律法规、政策制度、职业道德、行业规范、公共关系，以及现代科技、经济发展趋势等方面的综合知识；也要包括企业管理、市场营销、技术创新等方面的专门知识，以及科技中介服务的方法、规则、手段等专业技能。

（三）职业道德的建设

业务素质的高低直接影响科技中介服务的质量，而道德素质的高低不仅会影响科技中介服务的质量，还会影响其声誉。众所周知，对于服务性行业，声誉是一种价值很高的无形资产。从某种程度看，科技中介机构人员的道德素质水平要比其业务素质水平更重要。

科技中介业的从业人员同其客户间应该是一种代理与被代理的关系，在代理人与被代理人之间由于信息不对称现象的存在，就会引发逆向选择和道德风险。国外的科技中介机构由于管理和约束比较严格，加之惩治力度较大，其执业的道德素质较高。然而，我们还应充分认识到，在一些发达的市场经济国家，高度发展的金融市场和大量的市场交易额带来的高额利润，对于每个科技中介业的从业人员而言都是一种诱惑，由此造成的违规现象也时有发生。从安然事件到世通、施乐、默克等会计造假案的相继发生，严重暴露出了科技中介业从业人员的道德缺失。

所有被社会公众承认的专门职业均有其职业标准和道德规范，以及作为专业人员在执业时保持其专业态度和维护同业声誉的行为准则。一种职业道德的显著特征是公众能通过它对该种职业产生信赖，所以尽管职业道德规定是对从业人员的约束，但却是与其根本利益一致的。我国的科技中介机构正处于不断发展完善的过程中，由于执业环境不理想，执业人员素质参差不齐，职业道德水平低下，严重影响了中介组织的信誉，限制了中介体系的发展和完善。

独立公正是科技中介机构职业道德的最基本要求。科技中介机构作为连接买方和卖方的第三方，在市场经济中发挥着沟通、协调、公证和监督作用，充当裁判员、调解员的角色，只有坚持独立公正的原则，才能维护公平的市场竞争秩序，并获得买卖双方的认可，发挥相应的功能。因此，科技中介机构必须坚持独立公正的原则，科技中介从业人员的职业道德也都以公正独立、服务客户和公众利益为核心价值观。

科技中介机构的职业道德是一个完整的体系，一般可分为四个层次：

（1）目标，指出中介职业应该达到的最高境界，包括按职业化的最高标准工作、取得最高水准的绩效、满足公众利益要求等。

（2）基本原则，是指为了达到职业目标，中介从业人员必须遵循的原则。基本原则能够在较大的范围和较长的过程中对中介从业人员提供方向性的指导。特别是在遇到超出行为规则范围的新情况下，当需要平衡相互重叠或发生冲突的利益时，中介从业人员就要以基本原则作为推理的依据。但基本原则的表述比较抽象，不具可操作性。

（3）规则，是指目标和基本原则的具体化，由禁止式规则和命令式规则组成，前者包括不能泄漏客户的机密信息、不能做出有损职业信誉的行为，后者包括必须保持公正、独立等。行为规则具有强制性，不允许执业人员随意变更，规定明确，可操作性强，是职业道德体系的主要内容。

（4）规则解释，是指根据执业人员所面临的各种特殊情况，对行为规则的应用所做的具体说明。它的可操作性最强，但不具有强制性。

职业道德建设的关键是制度化，即根据目标—基本原则—规则—规则解释的体系，形成明确的制度文件并严格执行。即使一种违背规则的行为没有造成严重后果，也要追究有关人员的责任，防患于未然，使职业道德的相关要求根深蒂固，贯穿在执业人员的日常工作中。

二、科技中介机构的市场环境

（一）劳动力市场

1. 教育水平

相当一部分科技中介机构的业务如会计、法律、咨询等具有鲜明的知识性、技术性特征，专业性很强；因此，要求其从业人员必须具有较高的文化知识素质，精通专业业务，通晓国际惯例。当今一切的竞争归根结底都是人才的竞争。科技中介机构要想不断得到发展，就必须要建设一支懂外语、熟悉国际惯例的高素质人才队伍。同时，服务质量是科技中介业的生命线，也是科技中介机构竞争制胜的法宝。我国目前对科技中介人才的培养明显跟不上形势发展的需要。

首先，人员素质不高，专业人员短缺。中介机构的从业人员大都未经过专业训练，致使中介市场缺乏竞争，难以形成优胜劣汰的机制，限制了专业人员技术水平的再提高。而且，随着社会主义市场经济的发展，科技中介机构的业务量逐年增多，许多执业人员整天忙于查证、鉴证业务，忽视了知识的更新，对新颁布的法规、准则无暇学习理解，仅凭老经验工作，对工作中比较复杂的问题难以把握，势必影响其执业质量的提高。而这种人员素质不高又表现为两方面：

一方面，缺乏与国际惯例接轨的复合型人才，从业人员结构不合理，人员素质总体偏低。如我国有会计师事务所几千家，注册会计师几万人，缺少业务水平较高的年轻专业人员，专业人员的整体素质与国际上对应的专业人员的整体素质差距较大。例如，在比利，一个人要想取得经纪人资格，必须先通过大学水平的专业考试，在一家经纪公司经过至少3年的见习，再经过专业考试才能拿到经纪人许可证。而我国目前很多经纪人都是初涉此行，既不懂法律，又缺乏必要的专业知识，整体素质不高。有的从业人员缺乏起码的行业素质和职业道德，仅把科技中介机构当作赚钱和骗钱的地方。他们的行为与真正的科技中介机构格格不入，严重地败坏了科技中介机构的声誉。除了加强业务学习外，科技中介机构要提高执业质量还必须强化规范服务。有些科技中介机构的服务是相当不规范的。仅以税务代理和工程咨询监理为例，税务代理仍缺乏系统的法律规范和行业规定；个别税务代理机构基础工作不够扎实，服务不够规范，人均代理户数较多，个别存在重收费、轻代理的问题。有的工程造价咨询机构和工程监理机构内部管理不完善，缺少必要的业务程序和质量控制制度，执业人员不固定，有的预算书上没有编制人员专用章，甚至有的缺盖三方公章。

另一方面，缺乏高质量的人才。人力资源匮乏形成了科技中介机构发展的"瓶颈"。科技中介机构的发展完善，需要源源不断的高质量的人力资源供应。科技中介机构从业人员素质低下从而导致规范服务的欠缺，其影响绝不是局部的，因为一个国家的科技中介机构发达、完善与否，直接关系到这个国家市场经济是否到位。因此，科技中介机构对加入世界贸易组织后的中国来说，其作用是相当重要的，它是完善社会主义市场经济体制的重要环节。世界各国的科技中介机构都是非常专业化的，需要专业知识、专业特长、专业组织来整合。不是按照国际通行惯例来运作的会计（审计）师事务所，其财务报表、企业账单、财务制度等就不可能符合国际规范，出具的财务报表的可信度也就大打折扣。反观目前我国的科技中介机构，其现状是：缺乏与国际惯例接轨的复合型人才，从业人员结构不合理，人员素质总体偏低。一言以蔽之，高质量的人力资源匮乏，不能不说这是造成我国科技中介市场交易效率不高、欺诈行为猖獗、消费者权益屡遭侵害的重要原因，可以说已经形成了我国科技中介机构发展的重要"瓶颈"制约。

其次，科技中介机构从业人员的水平参差不齐，人员构成年龄偏大。相当一部分从业人员是已办离退休手续的国家机关或事业单位职工，人员老化状况十分突出，降低了科技中介机构的服务质量和效果，制约了技术服务的广泛开展。在我国的注册会计师队伍中，离退休人员占70%以上，缺少年轻力壮的专业人员，其服务手段、执业道德和业务素质均难以适应现代科学技术日新月异的发展需要。相当一部分从事科技中介服务的人员没有经过严格的资格审查和认定，从业者中兼职人员多、离退休人员多、新参加工作的人员多，甚至还有一些过去从未接触过科技中介事务的人员。这种科技中介机构的低素质状况，不仅使科技中介机构专业服务水平低、职业道德和自律精神淡薄，而且直接造成了科技中介机构行为的不规范。

因此，我国科技中介机构的发展应该注重通过提高教育水平来培养人才。从国外的经验看，科技中介机构应是专家集团，其从业人员特别是主要的执业人员应该是具有高学历、高智力并具有实践经验的专门人才。美国、日本、德国等都在有关科技中介机构的法律中明文规定中介人员的任职资格，其中就有受教育程度的规定。在机构组建条例中，也有专业人员所占比例的明确规定。这样就从法律上和制度上保证了中介机构合理的人员结构。我国培养人才的高等院校缺少某些培养中介人才的专业，并不能向社会输送中介人才。因此，作为培训和发展科技中介的措施之一，应该加强中介人才的培养和造就，提升教育水平。这可以通过两条途径实施，一是在有条件的大专院校开设培养中介机构紧缺人才的专业，如在工商管理中开设资产评估专业、经纪人专业、拍卖师专业等；二是对现有中介机构从业人员进行培训，提高他们的专业知识水平和职业道德观念，使他们成为合格的科技中介机构人员。

2. 道德水准

我国的许多科技中介机构自身的行为还很不规范，有的甚至无视职业道德，违规舞弊，破坏了公正、有效和规范的市场秩序，具体表现在：首先，收费无序。收费名目混乱，手续费、服务费、代理费、介绍费、中介费、辛劳费等名目繁多；收费标准混乱，有的有收费标准，有的没有收费标准。一些中介组织有意识地利用监管权设卡要钱，乱办班、滥收费，借行业管理坑害企业。其次，执业活动不严肃、不规范，甚至从事非法活动。有的会计师事务所在企业提供资料不全的情况下，也为其提供验资佐证，不规范验资、人情验资、虚假验资现象普遍存在；有的资产评估机构任意变动评估日期，帮助企业逃避国家的检查；有的中介组织服务质量不高，提供信息不及时，办事不公道，甚至提供过时信息，使被服务单位或个人遭受损失；还有的中介机构刊登虚假广告，误导、欺骗消费者，给客户或业务介绍人种种方式的回扣等；也有的中介机构以高额回扣、降低收费标准等手段争抢业务；有的中介机构的从业人员的服务态度恶劣、服务水平低下。这种唯利是图的行为背离了科技中介机构的主旨。科技中介机构的主旨应该是服务，而不应该是经济利益的最大化。

因此，有必要用统一的道德标准净化中介市场环境，树立中介组织的权威。净化的方法应该是执法、整顿、监管和培训。与此同时，相关部门要通过宣传，树立中介机构的形象；承认中介机构提出鉴证文件的可信性，作为决策依据的可靠性，提高中介机构的权威；确立中介人员的社会地位，承认其劳动的合法性、有效性和复杂性，保证其合法权益，使中介职业成为人们羡慕的社会职业；重视社会舆论对中介机构的监督。

（二）资本市场

随着科学技术的突飞猛进，科技已经成为拉动经济增长的首要因素，然而，要使风险投资活动得以顺畅进行并实现投资收益，仅仅依靠出资人、风险投资家和风险企业是远远不够的。通常，在风险投资的出资者与资本管理者之间，风险投资公司与风险企业之间，风险投资的各类参与者与市场之间大多应该有中介机构。所谓风险投资中介机构，是指通过设计、创立及运用各种金融、投资工具和手段，沟通、连接风险投资中的筹资者与风险投资者，为风险企业发展及风险投资公司运作提供融资、财务、科技和法律等咨询服务的独立性中介机构。风险投资中介机构一般由金融、投资、财务、企业管理、法律、工程技术和分析研究等方面的专家构成，具备人才、经验、资源、渠道、背景和专业能力的综合优势，可为客户提供高水平的财务、法律咨询和投资顾问等策略性服务。

这些风险投资中介机构的筹资能力和经营业绩受制于整个经济的金融体制发育状况。这是由于在金融体制比较健全的国家，风险投资机制发展得也比较充分。这些国家通常有两类风险投资中介机构：一类是一般的风险投资中介机构，另一类是专门的风险投资中介机构。其中，一般的风险投资中介机构包括投资银行、律师事务所、仲裁机构、会计师事务所、共同基金、资产评估机构、信托投资公司等。专门的风险投资中介机构包括风险投资行业协会、标准认证机构、知识产权估值机构、科技项目评估机构、督导机构、专业性融资担保机构等。而在金融体制还不够健全、尚须改革的一些国家，投资银行、共同基金、专业性融资担保机构等风险投资中介机构刚刚起步，或者说还没有发展，致使一些律师事务所、会计师事务所、资产评估机构等受到金融体制发展的制约，无法充分发挥作用。

第六节　科技中介机构的自律与他律

一、科技中介机构的行业自律

行业协会实际上也是一种制度安排，是市场经济发展的产物。发达，完善的行业协会是市场经济成熟的显著特征。在完善的市场经济体制下，政府的职能主要是进行宏观的经济调控，政府不再直接管理企业，而是通过这种调控间接管理把自主权还给了企业，使企业按照市场规律自由竞争。由于市场也会出现失灵的情况，而政府又无法直接干预企业的生产经营活动，就需要有一类专门的组织协调并规范该行业中各个企业的发展，行业协会就起到了这种作用。在发达的市场经济国家，行业协会及类似于行业协会的组织，如行会、同业工会、商会等均有几百年的发展历史，已形成了一套既定的社会规范，在发展本国经济中起着不可替代的作用。

（一）国外科技中介行业协会的性质

在国际社会中，由于各国社会组织结构中各个主体间呈现出不同的相互关系，尤其是行业协会与政府的相互关系，以及行业协会与企业乃至市场的相互关系，使各国行业协会在组织和管理上的差异较大。行业协会与政府的相互关系大致可分为两类：一类是完全以企业自发组织和自发活动为纽带的行业协会模式，称为"水平模式"。如美国，其市场经济发展得很成熟，因而科技中介机构也非常发达，据估计有数十万家之多。这些科技中介机构都是由行业协会进行自律性监管的。例如，在对经纪人和经纪公司的管理中，行业协会不仅有对经纪人行为进行约束的行规，而且有维护经纪人合法权益的规定，如不准交易双方在成交后踢开经纪人、不准压低佣金标准等。行业协会对经纪人的资格在考试基础上逐年认定，严格监管。而且，美国也很重视咨询公司的行业管理，由咨询工程师协会承担咨询企业的行业自律性管理。行业协会对外代表美国信息咨询业的整体，在扩大影响、增进与国外同行的交流、增加海外业务的竞争力等方面都有不可低估的作用。对于从事咨询业的企业或个人，取得全国信息咨询行业协会的会员资格，都是其联系业务、提高社会地位的重要资本。除此之外，美国的各行各业都有自己的行业协会和行业组织，因此它们的种类特别多，形式也多种多样，并且完全是自发组建、自愿参加的。而且美国建有一套完整的社会监督机制，还有专门的民间机构可对任何行业协会进行监督。有关法律还明确规定，公民有权利向任何行业协会要求查看原始的申报文件和前三年的税务报表，公民也可以向国税局了解任何一个行业协会的财务情况和其他方面的有关材料。美国政府对行业协会不予干预，不予资助，但在税收、费用上给予一定减免，如联邦政府允许行业协会组织所寄的邮件邮费低于正常邮费标准。在行业协会里设有信息、法律、技术等方面的专业服务机构，其作用主要是为行业里的企业进行技术和信息的交流和协调，如交流市场信息、技术信息、社会和政治情报信息等。

在协调上，行业协会主要是协调政府与企业、企业与消费者、行业组织内部的关系，以及向立法行政部门反映本行业会员的愿望，使政府在制定政策时更加符合行业的利益。随着经济国际化，美国行业协会加大了政府与企业之间的沟通、协调力度，进一步促进政企合作。

另一类模式是"垂直模式"，即大企业起主导作用，中小企业广泛参与，政府也发挥行政作用的行业协会，如德国、日本、韩国的行业协会都是这种模式。在德国的行业协会中，工商会是行业协会中唯一的合法组织，是半官方的，企业和企业主是它的法定会员，即法律规定每家企业都必须参加。工商会的经费全部来源于会员的会费，工商会的主要职能是简化税法，降低税率，促进进出口，对标准的制定、环保规定施加影响等。德国其他形式的行业协会是私人经济组织，是自愿组成的民间性的科技中介机构，会员比例一般为本行业企业的90%以上。这类行业协会实力雄厚，不需要政府任何资助，全部靠会费保证协会经费来源。每年会费标准由理事会决定，一般按企业营业额的千分之一左右或按企业人数缴纳，不论盈亏，照缴不误。如科尔公司每年向制药协会缴纳营业额千分之一的会费，大约为114万马克。这些行业协会既反映各行业利益，也代表着各地区的不同利益；既参与经济利益的协调，也介入社会关系的协调。

日本的科技中介机构很健全，数量也很多，这与日本的市场经济发展水平高有很大关系。日本行业组织作为官办协调的重要机构，有一套完整的组织体系。它有三大类：一是各行业协会。工业行业有工业会、工业联盟，商业及其他行业的协会则按业种、业态和经营对象分别组成。二是以同行业中小企业为成员的行业组织。三是各种商业和工业协会联合组成的组织，即商工会议所。日本90%以上的企业都加入了各种行业组织。行业组织在日本社会的经济发展中起着沟通协调、"智囊"咨询、参政的作用。日本政府不直接管理企业，主要是利用法规、政策引导，通过产业工业会、各种协会等科技中介机构与企业沟通，使企业的发展目标与社会发展总目标保持一致。工业会是日本最普遍的科技中介机构，它是一种民间组织，由本行业企业自愿参加。各工业会包括了大多数的本行业企业，具有广泛的代表性。工业会与政府的业务主管局、通产省、大藏省联系、沟通有关技术政策、环境保护和税务财务问题，向会员传达政府法令、政策，提出本行业的要求和建议，受政府委托负责制定本行业的产品规格、标准，协调本行业生产和销售，进行技术交流和国际合作。工业会的会长、副会长大都由本行业知名大企业的董事长或总经理担任，这些人具有号召力和吸引力，可以胜任对本行业的自律性管理。日本有几个很有影响的全国性经济团体，如经济团体联合会、日本经营者团体联盟、经济同友会等，不仅对日本的经济发展有影响，而且具有一定的政治影响力。

在韩国，最大的行业组织有五家：商工会议所、全经联、贸易协会、中小企业中央会、经营者协会。其中有一类是由企业建议并依照民法规定设立的，完全属民间性质。这类组织中的人事和经费管理是独立的，企业入退会自由。企业加入协会的目的是争取政府支持，并可以反对政府的某些政策。另一类完全是官办的，如商工会议所，它是根据朴正熙提出的"企业要团结起来向政府提建议，经济才能发展"的要求，并依照所有企业都要参加商工会议所的法律规定设立的。在这类组织中，企业不能自由退会，需要遵从政府的意见进行工作，其领导人选须同政府部门协商。在韩国还存在一些依据特别法律规定设立的、半官半民性质的行业经济团体。如韩国机械工业振兴会、韩国电子产业会，都是依据《产业振兴法》设立的经济团体组织，属于半官半民性质，有政府提供的振兴产业资金。它们的运作方式既可为政府承担某些特殊事项，又为企业和社会服务，加入的企业退会较自由，此类协会的管理基本是自主性的。

无论是在德国、日本还是韩国，行业协会的功能是多方面的，大致表现为：一是协调功能。协调成员与政府和其他企业的关系，维护成员的利益；同时协调本协会成员内部的行业规划、价格和数量、业务指导、市场信息等关系。二是信息功能。这是行业协会的一项重要功能。及时汇集、分析信息，再将信息传递给会员是行业协会的主要任务。三是沟通、参政功能。行业协会经常代表会员利益同政府讨论有关法律和政策，并代表会员将意见和要求反映给政府，有时通过提出一些建议来影响政府去制定或修改有关政策和法律，并对政府权力进行某种制约，使其更符合企业利益。有些行业协会还会接受立法机构或政府委托，发挥某种特定功能，如特殊行业的监督职能等。

（二）中国的科技中介行业协会

目前我国处于市场经济阶段，政府对科技中介机构正在逐步放权，科技中介机构也逐步走向自主经营、自负盈亏的经营管理模式。这时更应该积极发展科技中介行业协会，把政府对科技中介机构的管理权下放到行业协会，一方面实现科技中介机构同政府间的脱钩改制，促进政府改革，有利于科技中介机构建立现代企业制度；另一方面也不会使科技中介机构脱离政府后因无人管制变成一盘散沙，呈现无序经营的状态。

然而，我国的行业协会发展不能像美国的行业协会那样完全出于自发性，也不能完全照搬德、日、韩的模式，而是必须走出一条适合我国政治、经济、文化等特色的官民结合的道路。我国行业协会的发展虽然迅速，但存在的问题还较多，因此，我们应该借鉴发达市场经济国家行业协会发展的经验，并结合我国的实际情况，不断地发展和完善我国的行业协会。具体而言，首先，要提高行业协会在市场经济中的作用。发展行业协会是建立市场经济体制的客观需求。例如，在传统的计划经济体制下，我国工业实行的是部门管理。政府通过建立各个专业管理部门，或者把企业分门别类归于相应部门，按行政级别，运用行政手段直接管理企业，此时行业协会完全没有存在的必要。但在市场经济体制下，我国工业管理体制已基本定位，由部门管理转向行业管理，即政府—行业协会—企业。政府负责工业经济宏观调控，行业协会作为政府与企业之间的桥梁，企业则实行自主发展。企业走向市场，成为市场主体；行业协会作为介于政府与企业之间的自律性组织，承担和完成政府与企业在发展市场经济中所不能高效完成的社会经济职能，世界各市场经济国家大体上都是这种格局。从市场经济发达国家的情况看，行业协会不仅数量多，而且分工细，在经济生活中发挥着重要的作用。改革开放以后，随着我国市场经济的发展，行业协会也随之有所发展，在为企业提供服务、进行政企之间沟通、提供信息等方面都发挥了积极作用。目前情况下的行业协会离市场经济要求的真正行业协会标准还有一定距离，还存在着严重的行政依附性，运作不规范。

因此，我国要大力发展社会主义市场经济，不断完善市场经济体系，加快培育、发展、完善行业协会，加强行业协会的自身建设，规范其行为和职能。行业协会最基本的任务是维护本行业中企业的整体利益，为行业协会成员服务；并通过这种服务，实施行业管理，推动行业健康发展，促使行业协会成员实行自律性管理，维护市场运作中公平竞争与市场秩序。具体而言，行业协会应以行业服务、行业自律、行业代表、行业协调为基本职能。

我国在完善行业协会建设中要借鉴其他国家的发展经验，对我国现有行业协会进行调整，加强其自我建设，规范其行为，明确其职能，使其适应经济发展的需要。目前，各地方政府已开始重视行业协会的建立和发展，认识到在市场经济条件下，要做到政企分开，就必须培育和发展行业协会。我国在发展行业协会过程中，有必要借鉴国外行业协会发展的经验，建立既符合国际通行规则，又符合中国特色社会主义市场经济的行业协会。

二、科技中介的法律他律

市场经济就是法治经济，一切市场主体都要在法律法规的范围内活动，并依法经营，这就要求必须建立健全科技中介机构的有关法律法规，从法律上对科技中介机构的性质、地位、作用、权利和义务、执业程序、竞争规则等做出明确规定，使科技中介机构自身的发展和管理有法可依，有规可循。同时，要加大普法力度，让社会各界、公民、法人学会运用有关法律武器来进行自我保护。如果委托人对科技中介机构的鉴定有异议或认为其侵犯了自己的合法权益时，就可以向主管机关投诉，以促使科技中介机构依法执业、规范活动。另外，科技中介机构要严格遵循竞争规则，规范竞争行为，禁止不正当竞争；严禁借助行政力量搞行业性或地区性的业务垄断，以及通过给予他人或单位各种利益、财物等手段招揽业务等；防止非公平、非公正因素介入，真正做到独立、客观、公平、公正。

（一）科技中介机构法律法规建设的现状

法律是市场经济有序运行的基础，是一种为社会所有成员所遵循的、公开的游戏规则，是由国家强制力保障的，是避免暗箱操作和降低社会交易成本的一种制度设计。科技中介市场的基本规则也应当由法律予以规范。法律规范不能大而化之，必须具体，必须明确划分合法与违法的界限。法律是整个社会价值判断体系的最后一道屏障，对行为人有着震慑力量。当每个科技中介机构都能真切而非抽象地认识到自己行为的法律后果时，才能实现"防患于未然"的初衷。法律是整个科技中介市场的硬性约束，是保证整个"比赛"公平进行的基础，具有最高的权威性，必须由足够级别的立法机关颁布并执行。

在国外科技中介行业的管理体系中，法律规范的地位举足轻重。例如，美国的《证券法》和《证券交易法》、英国的《公司法》、德国的《审计师行业管理法》都是规范科技中介机构成员行为的最低要求，它们与行业执业规范相呼应，形成科技中介行业管理体系的坚实基础。尤其是在美国，凡是对联邦权益、国家安全和社会公众利益有重要影响的科技中介服务业，一般都由美国国会制定专门的法律，明确规定专门职业的管理部门、执业许可范围、执照管理及违法惩罚措施等。

而我国现在所谓科技中介市场的法律，大多是政府部门自我授权制定的部门规章，不仅不能作为未来的"游戏规则"，反而应当首先予以清理。科技中介市场面对的是整个社会公众，不能任由各个部门出于一己之利私设藩篱。在"法律规范，行业自律，政府监督"的模式中，法律规范是基础，如果基础建设没有搞好，那么后续工作就无法开展。在当前的改革中，尤其是随着科技中介服务业在我国经济活动中地位和作用的日益突现，法律规范应当成为重中之重。因此，我们要加强相关立法，确定科技中介机构的法律地位和作用，并依法对科技中介机构进行管理。实际上，科技中介机构不受重视、执业环境不理想、科技中介专业服务违规现象严重等，都与科技中介机构的法律地位不突出、相关法律不健全有关。

我国现有的有关科技中介机构的立法有公司法、注册会计师法、律师法、审计法、仲裁法、证券法、破产法、保险法、银行法、国有资产管理法，以及由中央和地方人大、政府制定的大量行政性和地方性法规及条例，分别对不同科技中介机构的性质、职能、活动范围、享受的权利、应尽的义务、违法后的处罚，以及从业人员的资格认定、机构组建、从业规则、权利和责任做出了规定，有力地促进了科技中介机构的发展。尽管如此，我国科技中介机构的法律法规体系建设过程中仍有一些亟待解决的问题。

首先，我国的法律法规尚不完善。我国现行的法律法规中还缺少一些专门针对各类科技中介机构的法律规范，这在一定程度上限制了科技中介机构的发展。比如对于投资基金管理人，应专门规定基金公司的组织形式，从业人员的资格、数量，公司业务范围等，这样既有利于基金组织的发展，又有利于防范该行业可能出现的风险。对于其他各类科技中介机构，如会计师事务所、法律服务事务所、审计事务所、评估事务所等，也应按法律规范这些机构的行为，辅之以行业内部规范。否则，各级地方政府部门从不同利益出发，制定符合各自部门利益的规则，不仅不利于公平竞争，而且必然对科技中介机构的发展产生不利影响。同时，由于对各类科技中介机构缺乏规范的管理，也使一些科技中介机构的从业人员素质较低，服务质量较差，不能满足企业和个人对科技中介服务的需求。除上述法律外，有关科技中介机构的法律至少还应该有拍卖法、期货交易法、结社法、商会法、公证法、经纪人法等。只有形成了比较完善的科技中介专业服务法律体系，科技中介机构在经济活动中的作用才能得到充分的发挥。此外，根据入世的承诺，我们要用法律的形式明确私有科技中介机构进入的方式、范围和待遇，并用法律的方式对其加强管理。因此，完善相关政策法规，是建立和完善我国科技中介机构体系的迫切要求。

其次，我国科技中介机构相关的法制建设滞后，管理不够规范。目前，我国对科技中介机构的法制化管理同社会主义市场发展的实际需要相距甚远，表现为对科技中介机构的管理主要依据一些条例、制度、办法来进行，法律级次较低，同时缺乏一部统一的关于科技中介机构的法律。另外，在管理上，对科技中介机构的统一管理格局尚未形成，基本上按相应政府主管部门的职责分别管理，各自进行资格认定、考试发证和制定管理规定，把统一的科技中介业务人为地分成许多专业，如评估行业就分为财政部门的资产评估、国资部门的资产评估、房产部门的房地产评估、土地部门的土地估价、农业部门的乡镇企业资产评估和农村集体资产评估等，形成诸侯组织，导致政出多门、管理重叠、职能交叉、资源浪费。另外，科技中介机构的自律管理功能薄弱。面对市场经济发展所需要的类型繁多、数量庞大的科技中介机构，我国的立法还是显得滞后。当前，急需制定科技中介机构法和社会中介行为法，以使科技中介机构在法律上得到进一步确认。

（二）完善相关法律

从国际上看，科技中介机构的管理普遍采用两种形式：一种是行业自律型管理体制；另一种是政府干预型管理体制。然而，无论采用哪种形式，对科技中介机构的立法规范都是必不可少的，区别只是在于制定法律的部门不同而已。通常这种法律规范包含两个层次：一个层次是行业自律组织或政府部门制定的适应科技中介机构发展的法律法规；另一个层次是政府部门制定的关于行业自律组织发展的法律法规。

　　完善的法律体系是管理科技中介机构、规范科技中介行为、维护科技中介秩序、提高科技中介服务水平的重要保障。我国的科技中介机构是在经济转型的大背景下发展起来的，其相应的法律法规体系建设也需要随着经济体制的转型而发生变化。因为经济转型和科技中介机构的发展是一个动态的、需要不断在原有基础上改进的过程，所以在法律法规体系建设的过程中，不能完全否定废弃原有的体系，而是需要在原有体系基础上不断完善，应该集合政府有关部门、行业协会、经济与法律专家组成研究小组，专门对原有法律法规的修改和新法律法规的制定进行认真研究，提出修改方案并建立适合我国科技中介机构发展的法律法规体系的总体框架。而且，我国处在经济转型的特殊阶段，科技中介机构的发展也呈现出某种特殊性，因而应该根据我国的国情制定适合于科技中介机构发展的法律法规体系，而不能完全照搬照抄国外的经验。

　　我国应当根据现阶段科技中介机构的实际情况，从转型经济的实际出发，高瞻远瞩，制定关于科技中介机构管理的尽可能详尽的法律，作为政府和行业进行管理的基础依据，逐步制定系统配套的法律法规体系，将科技中介机构的管理纳入法制化轨道；同时，应当借鉴国外经验，例如适当引进判例法、采用"比较过失"等概念。但是，仅仅"有法可依"是远远不够的，更重要的是"有法必依、执法必严、违法必究"。只有做到司法公正，才会对市场完善、行业发展起推动作用。

第五章　科技中介机构的运营和发展策略

第一节　我国的科技中介机构

一、我国科技中介机构发展存在的主要问题

近几年，我国科技中介机构呈现出飞速发展并不断壮大的态势，为推动国家和地方自主创新、科技创业作出了重要贡献。但是，从总体上，我国科技中介机构看仍处于起步阶段，难以满足日益增长的服务需求，是国家创新体系中亟待加强的薄弱环节，与国际上先进科技中介机构相比仍有较大的差距。我国科技中介机构还不能很好地发挥其社会功能，究其主要原因是我国科技中介机构还存在以下几方面的缺陷：

（一）依附性强，独立性差

科技中介机构应是按照一定的法律、法规、规章，遵循独立、公平、公正原则，在社会经济活动中发挥服务、沟通、公证、监督功能的社会组织。它们介于政府与社会、政府与企业之间，而不是政府附属物，也不是企业代言人。科技中介机构是市场经济健康发展、科技进步的稳定剂和协调器，是政府法规的具体实施者，必须具有很强的独立性、公正性、权威性和严肃性。

而我国改革的特点是自上而下进行的，科技中介机构的出现和发展往往是由政府批准，在主办单位利益驱动的背景下发展起来的，因此这类中介机构的独立性、公正性较差。例如，技术市场往往是当地科委的下属事业单位；人才市场是当地人事局的下属单位；科技咨询往往是在某研究机构或大学内成立的；科技园是政府或高校成立的；等等。因此，我国科技中介机构发展存在的最大问题是科技中介服务业还没有形成独立的行业。

（二）整体水平不高，手段落后

从科技中介行业来看，科技中介队伍整体水平不高，突出表现在以下两方面：

一是从业人员的整体素质不高。在科技咨询、技术市场等科技中介机构中，主要的业务人员往往都是科技人员出身，虽然他们有一定科学技术方面的背景和知识，但科技中介是一种与市场打交道的经济活动，需要掌握市场运营规律，在这方面有许多从业人员缺乏相关的知识和经验。有些单位或科研机构在组建科技中介机构时，甚至带有某种歧视，将一些难以在本单位安排的人员安排到科技中介机构。加上没有上岗许可的政策规定，致使整个队伍良莠不齐，导致不少科技中介机构的服务水平不高。

二是科技服务基础条件较差。科技中介主要是为社会提供智力服务，一些必要的设备条件和技术手段是必不可少的，但是许多科技中介机构效益不好，依附母体支持，工作条件较差，不仅没有对外的形象，甚至没有必要的交通和通信设备。有些从事咨询的科技中介机构没有数据库，也没有相应的知识积累和案例积累；从事服务的科技中介机构没有社会专家网络储备和相关的网络联系；等等。因此，我国科技中介机构难以为客户提供高质量的服务。

（三）市场秩序不规范，存在不平等竞争

由于科技中介机构的性质不同、背景各异，因此在市场不规范的环境中，存在着严重的不平等竞争，科技中介机构的发展不能实现优胜劣汰。相当多的科技中介机构是从政府部门分离出来的，有的就是某些政府部门的下属事业单位，与政府部门都有着利益的联系，这类科技中介机构可以毫不费力地得到一部分资源，甚至控制某一行业的市场配置，致使在一个系统内亲疏关系差别很大；而大多数地方的或民营的科技中介机构要从部门或行业争得委托项目都有相当大的难度。我国的国有大中型企业在改制和生产经营过程中需要大量的科技中介服务，因为这些企业往往归属于某些政府部门或地方政府的管辖，这些业务多数被政府行为所替代，科技中介机构之间一般很难公开、公平地进行平等的竞争。

（四）国际化程度低，与国际接轨有很大的差距

目前，我国科技中介机构的主要业务领域是国内市场，较少有进入国际市场

的。因此，无论是科技中介机构的发展目标、发展规划，还是机构内的专业人才，包括外语人才，以及与国际的联系等，都比较欠缺，难以进入国际市场。

另外，我国大多数的科技中介机构对国际惯例不熟悉，在自己的业务领域中难以与国际接轨。不少科技中介机构不了解国际上的客户需要、竞争态势、对手实力，因此不可能在国际市场上占有一席之地，也不可能与国际同行形成有效的竞争。

二、影响我国科技中介机构发展的因素

我国科技中介机构的发展历程，以及我国科技中介行业当前状况表明，影响我国科技中介机构发展的主要因素有以下几方面：

（一）政府改革不到位，科技中介业发展的空间狭小

我国政府部门近年来在改革机构方面有了较大的决心和动作，但是，由于政府的改革牵涉方方面面的利益，致使政府改革没有到位，简政放权不到位，政企关系仍然没有理顺，因此科技中介组织发展的空间不大，难以发挥作用。

在我国体制改革中，实行政企分开后，政府行政职能转变的最终选择是实现"小政府、大服务"的管理模式。但是，许多政府部门往往从思想上就不愿放权，实际上是占了科技中介机构的市场。所以，要加大政府的改革力度，应当将目前政府的部分功能移交由中介机构办理，拓展科技中介的市场空间，增大社会对中介的市场需求，奠定中介机构发展的基础。

（二）社会的市场化水平低

科技中介机构的发展主要取决于全社会的市场化水平。根据权威的分析，虽然改革开放以来取得了很大的成绩，但是，我国的市场化水平平均只达到50%，除了消费品市场的市场化水平较高，其他领域的市场化都远远没有达到社会主义市场经济应有的程度。特别是在人才择业、金融证券、科技成果转化等方面，社会资源往往不是依靠市场机制来进行分配，依然是由政府主管部门来决定。

（四）社会对中介缺乏正确认识，市场需求不足

长期以来，全社会对科技中介行业的发展认识不足，甚至有人认为科技中介行

业是可有可无的，这样的认识必然导致市场对中介的需求不足。大多数高新技术企业，虽然在技术创新方面具有优势，但是在企业如何管理、如何经营等方面，往往深受传统观念的束缚，对科技中介服务没有强烈的需求欲望。某些高新技术企业管理落后、不规范，有的企业过于讲求商业秘密，使得企业"小而全"。以上对科技中介认识的不到位，都制约了科技中介的市场需求。

（五）缺少中介行业的发展规划和政策扶持

长期以来，国家和地方政府对高新技术产业越来越重视，对它的发展也有了比较科学的规划和政策支持，但是对科技中介行业却相当忽视，不仅没有发展的总体规划，对这一行业的优惠支持政策和措施很少，而且还缺乏促进和规范科技中介机构发展的政策法规体系。科技中介市场秩序不规范，一些类型的科技中介机构的法律地位、经济地位、管理体制、运行机制等还未得到明确。在扶持政策方面，仅有"四技活动（技术开发、技术转让、技术咨询、技术服务）"税收减免等少数措施。在行业管理方面，除咨询、评估、技术市场等领域在少数地区有行业管理措施外，其他科技中介服务领域少见有类似制度在实施。在机构制度建设方面，很多机构仍然参照事业单位进行管理，非营利机构等新型制度尚未真正得到实施。正是由于我国科技中介法律法规不健全、多头管理、政企政事不分，导致科技中介市场的运行还不规范，存在无序竞争和不正当竞争。

（六）区域科技中介机构发展存在较大不平衡

我国一些地方的科技中介机构在数量和发展规模上都有了相当高的水平，社会对科技中介服务有着巨大需求，科技中介机构通过实践的锻炼也具备了很强的服务能力，在推动科技创新中发挥着越来越重要的作用。但也有一些地方由于受观念、科技水平、人才和市场经济发展程度等诸多不利因素的制约，科技中介机构发展相对滞后，与当地日益增长的服务需求严重脱节。科技中介机构业务领域的发展也存在不平衡现象，生产力促进中心、各类科技企业孵化器发展较快，而科技评估、创业投资服务等为科技与金融结合服务的机构发展较慢，不能满足高新技术企业发展中巨大的投融资服务需求，一方面金融部门有资金但找不到好项目，另一方面高新技术企业的资金严重匮乏，亟须解决。

（七）科技中介机构整体缺乏竞争力

我国不少科技中介机构是从政府部门分离出来的，不仅在运行方式上遗留着行政机关的烙印、机制不活、等客上门，而且主要业务也仅限于原有的行政管理范围，对政府的依赖性强，服务内容单一，系统服务能力不足。还有些机构缺乏清晰的业务定位和核心竞争力，专业化水平低，只是开展一般性的信息咨询和服务业务，特色不突出，优势不明显，无法满足客户的综合服务要求，也难以形成规模效益。多数机构还没有创出自己的品牌和信誉，没有形成专业化分工和网络化协作的服务体系。相当多的从业人员的专业能力不足、知识背景比较单一，在市场中开展服务的经验不足，熟悉科技中介服务业务的跨学科、高素质的复合型人才还十分匮乏。以上这些因素都导致我国科技中介机构整体缺乏竞争力。

（八）支持科技中介机构发展的公共信息基础设施薄弱

科技中介服务的生命力在于知识和信息，完善的公共信息平台是科技中介机构获取信息的重要保障。但我国的公共信息平台等基础设施建设还远不能满足科技中介机构的发展要求。区域性信息网络还没有完善，公共信息资源由个别部门独占的现象普遍存在信息难以共享，导致科技中介机构获取信息、处理信息的能力较低，更多地依赖社会关系和非正规渠道，导致信息的及时性、准确性和完整性都无法得到保障，而获取信息的非正规性又进一步导致了不公平竞争。这已成为我国科技中介机构发展的一大障碍。

第二节　经济转型与科技中介机构发展

改革开放以来，我国一直处于社会、经济转型期，主要表现为从农业性乡村社会向工业性城镇社会转型，从封闭半封闭社会向开放社会转型，从计划经济向市场经济转型。从历史角度分析，由传统社会向现代社会转化过程中的转型是一个国家在现代化进程中所必然经历的一个阶段。但我国不仅在历史背景、文化背景、经济背景、政治背景和资源背景等方面具有特殊性，而且经济社会结构转型和经济体制改革密切地联系在一起，这使得当今中国的社会经济转型表现出若干特点。从现实角度分析，我国整个经济社会的转型仍处于一个过渡阶段，其实质仍是对当代中国现代化的继续追求。

一、我国经济的发展与转型

改革开放使我国经济发生了深刻的变化。在世界经济飞速前进的历程中，我国经济基本实现了由计划经济体制向市场经济体制的跨越，初步完成了使我国迈向世界经济强国的经济体制转型。新世纪到来后，中国加入了世界组织，掀起了新一轮的经济转型浪潮。在这轮经济转型的进程中，区域经济的表现或为产业结构调整，或为技术创新推进产业发展。就经济转型的概念而言，经济转型是指一个国家或地区的经济结构和经济制度在一定时期内发生的根本变化。具体地讲，经济转型不仅是经济体制的更新，是经济增长方式的转变，是经济结构的提升，是支柱产业的替换，也是国民经济体制和结构发生的一个由量变到质变的过程。

经济转型不是社会主义社会特有的现象，任何一个国家在实现现代化的过程中都会面临经济转型的问题。即使是市场经济体制完善、经济非常发达的西方国家，其经济体制和经济结构也并非尽善尽美，也存在着现存经济制度向更合理、更完善经济制度转型的过程，也存在着从某种经济结构向另一种经济结构过渡的过程。我国经济转型主要呈现出以下特点：

（一）阶段性和长期性的统一

在谈到经济转型时，人们往往把某个时期经济体制和结构的较大变化称为经济转型。因此，在制订转型计划时往往会以时间多长、经济发生什么样的变化来衡量是否完成经济转型。其实，这只是阶段性的经济转型。从长期经济发展实践来看，经济本身时时刻刻都在追逐着质和量的提高，这种质和量的缓慢变化本身就是经济转型过程。

（二）渐进性和激进性的交叉

经济转型往往表现为时而激进，时而渐进；在某些领域激进，在别的领域渐进。

（三）结构转型和体制转型的同步

经济体制的变化必然带来经济结构的调整，而经济结构的调整也需要经济体制的创新。

（四）政府行为和企业行为的互动

在经济转型中，政府和企业是推进经济转型的两种不同的力量。企业是推进经济转型的基本动力，而实现经济转型又离不开政府作用的发挥。前者是内因，后者是变化的条件。只有两种力量相结合，双方互动，才能更加有效地实现经济转型。

（五）区域性和国际化的结合

经济转型通常是区域性经济发展措施，而区域性的经济发展就不得不考虑国际经济发展趋势。在全球经济一体化的时代，经济转型必须紧跟当前科技发展步伐，把握世界经济发展动向。

二、我国经济加速转型期的基本特征及其对策

21 世纪初，我国经济社会发展开始全面进入加速转型期，这是由我国特殊的国情、所处的特殊发展阶段和当今世界经济社会发展的总趋势共同决定的。在这个加速转型期，我国的发展登上新的台阶，在工业现代化没有全部完成的时候开始了向知识现代化迈进的过程，由此经济结构和社会结构的变化将进一步加速，这是我国现代化进程的跨越式演进。在这个加速转型期，我国面临着巨大的不确定性，如何保持转型期的经济社会稳定成为越来越突出的问题。

所谓加速转型期，不是简单地指经济社会某个领域的变化过程，也不是简单地指经济社会某项制度的变化过程，而重点是指经济结构和社会结构呈现加速度的整体性跃迁过程。在加速转型期，其具体内容应该包括临界水平的结构转换、机制转轨、利益调整和观念转变等，一旦超越临界水平，旧的体制、机制、结构、观念和利益不再复归。这种加速转型是我国改革开放的积累效应，要通过发展先进生产力和确立新的社会经济秩序来完成。

（一）加速转型期的经济社会特征

21 世纪初，我国进入加速转型期的客观标志可以分解为本体因素和环境因素。

1. 本体因素

所谓本体因素，是由我国的特殊国情和所处的特定发展阶段决定的，是我国经

济转型工作的起点与基点。

（1）关于产业结构。这一时期，第一产业与第三产业此消彼长的简单替代现象十分突出。尽管未来现代工业还可能有一定的发展余地，但是第三产业已经显示了巨大的发展前景和空间，第三产业中的现代服务业正在改变服务业的传统面貌。从经济结构的转型趋势来看，我国经济将由生产主导型转为流通主导型，第三产业增加值的比重将逐渐赶上并超过第二产业增加值的份额。

（2）关于经济体制。中华人民共和国成立以来，先后经历了传统计划经济、混合经济（有计划的市场经济）两个大的阶段，混合经济和现代市场经济是建设社会主义市场经济体制的不同阶段，经济体制改革正在由以破旧为主向以立新为主的阶段过渡。由于经济体制的初步转换，经济运行的机制发生了深刻的变革，在竞争机制和价格机制的作用下，资源约束型经济正朝着需求约束型经济转变。

（3）关于社会组织结构。经济增长未必自动带来社会的发展，经济结构调整需要社会结构相应调整，经济体制改革也需要社会体制改革来配合。第三部门发展不足是我国社会组织结构的最大缺陷。所谓第三部门就是那些非政府且非营利机构的总称。由于这些机构既不属于公共部门（政府），也不属于私营部门（市场），因而被称为第三部门。从我国大的社会组织结构来看，目前第一部门（政府）过于发达甚至有些臃肿；在过去十几年中，第二部门（企业或者营利组织）有了一定的进展，其中包括国有企业也包括非国有企业，特别是民营企业；第三部门（非营利组织和非政府组织）则相对比较薄弱。社会学者康晓光认为[1]，我国的改革目前已经进入了一个"新阶段"。在这个阶段，社会领域成为最主要的改革对象，没有社会领域的深刻变革，经济领域的市场化改革和政治领域的民主建设都将无法进一步发展。社会领域的改革成为我国改革的"瓶颈"，第三部门的发展就是社会改革的反映。研究人员认为：计划经济时期主要是发展第一部门，并且把第一部门发展到了极致，甚至连人民公社都成为一级政权或者政府；改革开放的重点是发展第二部门，刚开始，国有企业和非国有企业还有亲疏之分，现在基本上能够一碗水端平；在加速转型期，重点应该发展第三部门，当然还要发展现代政府、现代企业，但是第三部门的培育必须加快，应该像 20 世纪 90 年代大力培育市场体系一样培育第三部门。与此同时，由于社会组织结构的三足鼎立，客观上要求从审批经济走向法治

---

① 杜丽娟，赵鲲. 科技中介服务机构工作探讨 [J]. 技术与市场，2011，(9)：255.

经济和自主经济。

2. 环境因素

（1）全球化日益加深。所谓全球化，不仅是指经济的全球化，而且产品、技术、资本、信息等大规模和高速度的跨国交换和流动，也带来了新的生活方式，如时尚、风气、个性、品位等。这些新的生活方式不但会与后发社会的部分弱势群体发生冲突，而且也会与整个地区性文化（包括以民族、国家形式为标志的文化，如法国文化、英国文化、中国文化、印度文化）发生冲撞。全球化使得发展中国家的国际互动加强，各种信息、理念和制度的交流也在加强。交流就必须增强兼容性，我国国内区域间的兼容性和对外的兼容性都在迅速地增强。所以，经济全球化不仅仅带来贸易的全球化和投资规则的全球化，而且必然带来社会全球化，即社会条款的全球化和社会标准的全球化。因此，我国纳入全球化进程的不断加深，势必对我国的经济和社会各方面都产生显著的影响。

全球化既在创造史无前例的新机会，又在创造史无前例的新风险，其中新风险之一就是富国与穷国之间、发达地区与落后地区之间的差距越来越大。我国目前的当务之急是，一方面要发挥出整体优势，确保新的发展机遇变成现实，实现中华民族的伟大复兴；另一方面，要建立一种新的内部区域间协同发展的机制，实现同步发展。在全球化形势下，过分依赖市场的调节作用和过多的政府干预都不是治国良策，而是应该在自由竞争和社会公正之间实现均衡发展。全球化给世界经济发展带来了前所未有的机遇，但又使人类社会比以往任何时候都显得脆弱。政府及行业协会应有危机意识，做好各种准备，应对突发事件对经济各部门可能带来的影响。

（2）技术进步不断加速。第二次世界大战以后开始的新科技革命，在原子能技术、计算机技术和航天技术领域取得了突破性的发展，推动社会生产力取得了前所未有的进步。哪一个国家抓住了科技革命提供的历史机遇，哪一个国家的生产力就能够获得大发展；哪一个国家错过了科技革命提供的发展机遇，哪一个国家的经济发展就将大大落后于时代潮流。因此，科学技术始终是先进生产力的集中体现和主要标志。在当今世界，科技进步日新月异，以信息科技与生命科技为代表的科学技术突飞猛进，知识经济迅速兴起，以知识创新、技术创新、人才和高新技术产业为核心的综合国力竞争日益激烈。这些重大而深刻的变化，给世界生产力和人类社会经济的发展带来了极大的变化。

（二）经济加速转型期的根本对策

我国经济经过多年的快速发展已进入了阶段性的"经济转型期"。这次经济转型主要是指技术转型、产业转型、增长方式转型、金融及经济体制转型的合成变动，其中主要是指由于技术进步导致的产业升级过程。专家预测，在未来的几年内，我国经济将面临着大规模全面的、质的变化，我国新技术、新产业对传统产业将出现一个较大的冲击。由于缺乏核心技术，缺少自主知识产权，我国在国际产业分工中仍处于低端位置。

"提高自主创新能力""把增强自主创新能力作为调整产业结构、转变经济增长方式的中心环节"，这是党的十六届五中全会提出的以自主创新应对中国经济加速转型的根本对策。科学技术是第一生产力，是先进生产力的集中体现和主要标志。自主创新能力不足，将难以为我国经济发展提供强劲的动力支持。发达国家的发展实践表明，必须更加坚定地把科技进步和创新作为经济社会发展的首要推动力量，把提高自主创新能力作为调整经济结构、转变增长方式、提高国家竞争力的中心环节，把建设创新型国家作为面向未来的重大战略。对我国来说，提高自主创新能力，既是保持经济长期、平稳、较快发展的重要支撑，是调整经济结构、转变经济增长方式的重要支撑；又是建设资源节约型、构建和谐社会的重要支撑，是提高我国经济的国际竞争力和抗风险能力的重要支撑。

第三节　科技中介机构发展与科技政策

科技中介机构是我国实现经济转型，加快国家自主创新步伐，建设创新型国家的重要力量之一。世界发达国家的发展实践经验表明，在一个以科技为驱动力的市场经济中，成熟的科技中介机构的发展能大大活跃和促进企业的科技创新，加速科技成果产业化进程，从而促进国家的经济转型发展，提高整个国家的竞争力。促进科技中介机构的发展已成为建立和完善国家创新体系的重要实现途径，是全面提升国家整体创新能力、促进产业结构优化升级和国民经济持续健康发展的重要举措。

虽然科技中介机构是市场经济的产物，但科技中介机构的发展却不能完全依靠其随市场的自由发展。因为科技中介对科技经济发展以及国家竞争力的战略重要性不可能为市场所反映和实现。在自由市场条件下，科技中介的保障还达不到与其对国家科技经济的战略性相符的水平，需要政府从国家科技经济的战略高度出发，扶持和鼓励科技中介机构的发展。同时，在科技中介机构发展中会出现"市场失灵"现象，也有待政府去纠正和弥补。在知识经济的强劲推动下，为提升科技对国家经济和社会的影响，应对科技中介机构的社会地位及其在国民经济中的作用予以明确的肯定，各级政府应高度重视，制定系统的科技政策，大力推进科技中介机构的发展。

当前，我国科技中介机构的发展目标是：加快建立起有利于各类科技中介机构健康发展的组织制度、运行机制和政策法规环境，培育一批服务专业化、发展规模化、运行规范化的科技中介机构，造就一支具有较高专业素质的科技中介服务队伍，初步形成符合社会主义市场经济体制和国家创新体系建设要求的、开放协作、功能完备、高效运行的科技中介服务体系，基本满足各类科技创新活动的服务要求。

促进科技中介机构发展的科技政策的重点是围绕促进科技与金融结合、培育高新技术产业增长点，调整农村产业结构、增加农民收入，转变政府职能、提高科技工作运行绩效等方面发展科技中介机构。我国应在继续增加机构数量、扩大服务面的同时，着力培育高水平的科技中介机构；在努力改善服务设施、服务手段的同时，大力推进人才队伍建设；在积极完善发展环境的同时，不断加强科技中介机构的制度建设。

一、实施加快转变政府职能政策

各级政府和科技管理部门要明确科技中介机构的发展定位。随着市场经济体制的逐步完善，技术创新和成果转化工作都将在市场机制的主导下完成，原来由政府承担的属于中介的职能将逐步由中介机构承担，因此，政府的每一步退出都将为科技中介机构的发展带来新的空间。在机构改革中，应将一些不必列入政府序列的部门或政府直属单位转变为直接从事中介服务的机构，还可以将一部分政府管理职能明确地授予科技中介机构，如科研项目的立项与管理、科技成果的鉴定与奖励等，以拓展科技中介机构的服务功能和范围。对那些过去由政府部门转换而成，或是在资产关系上与政府保持密切关系的科技中介机构，要切断它们与政府的联系，通过转制将它们转变为真正符合市场发展需求的科技中介机构。

二、实施完善自主创新体系政策

在我国现有的条件下，完善国家自主创新体系必须实施重点领域突破的措施。一是制订科技自主创新的专项规划，向社会传递政府政策导向，引导社会科技资源流向自主创新的重点领域。二是通过专门的促进政策，利用有限的资金集中支持自主创新重点领域，争取在重点上实现突破。三是通过政府优化配置科技资源，促进自主创新体系的形成。各级政府和科技管理部门要积极发挥主导作用，以市场为纽带，推动产学研密切合作，合理配置资源，把各自的优势发挥出来。

三、实施加快高新技术产业化政策

各级政府和科技管理部门要加强对航空航天技术、电子信息、生物技术、新材料、新能源、海洋等领域的核心技术攻关和集成创新，鼓励国内外先进成果在国内的产业化。要抓好重大科技产业化工程，发挥典型示范和政策引导功能；要建设好一批国家试验中心、工程中心，为高新产业化提供基础条件；要提供促进科研开发和科技成果转化的政策环境；要根据产业化进程适时调整政策，如在高新技术发展初期，对企业的重点扶持目标是使其尽快成长，形成产业规模。随着企业发展壮大，在企业具备了自主开发和再度发展的实力后，政府的扶持力度应相应调整，让企业自主发展，由市场拉动和技术创新来推动。

四、实施借助专业技术力量发展科技中介机构政策

科技中介行业的性质决定了从业者应该是懂管理、懂专业、懂技术、懂市场的复合型人才。因此，各级政府和科技管理部门要积极借助科研机构等专业技术力量，大力培育和发展各类专业型科技中介机构，引导科技中介机构向专业化、规模化、集约化和规范化方向发展，提高知识传播和技术扩散能力，提高科技中介机构的服务能力和竞争力，更好地服务于中小企业技术创新。

五、实施加强自主创新基地建设政策

加强企业和企业化转制科研机构自主创新基地建设，各级政府和科技管理部门要支持企业特别是大企业建立研究开发机构。依托具有较强研究开发和技术辐射能

力的转制科研机构或大企业，集高校、科研院所等相关力量，在重点领域建设一批国家工程实验室，开展面向行业的竞争前技术、前沿技术和军工配套、军民两用技术研究。

六、实施推动部分科研机构整建制转为科技中介机构政策

各级政府和科技管理部门要以科技、教育体制改革为契机，推动一批科研机构整体转制为科技中介机构。对科研机构整体转制为科技中介机构的，可以实行对其全部国有资产（包括土地使用权）减去负债转作国有资本金或股本金。对闲置资产、非经营性资产、政府投资建设的开放性重点实验室等资产，可按国家有关规定进行剥离，不计入科技中介机构的资产。

七、实施为科技中介机构创造市场需求政策

促进科技中介机构发展的有效途径是支持中小企业等使用科技中介服务，即创造科技中介机构的市场需求。比如，政府所有的项目评估采取以公开招标的方式由独立的咨询机构来完成，这样，政府就变成了科技咨询市场中的买方。国家和地方科技创新科研项目必须吸收科技中介机构与企业参加，通过科技中介机构与企业界以及他们与大学和研究机构的良好关系，促进产学研合作的有效发展。另外，加入世界贸易组织后，随着经济全球一体化进程的加快，我国民族产业面临着一个机遇与挑战俱增的严峻形势，这大大刺激了我国企业，特别是中小企业对科技服务、技术改造等的需求，也极大地创造了对科技中介机构的市场需求。为此，各级政府要积极引导科技型中小企业积极参与国际竞争和国际分工，这不仅能加速我国高新技术产业的发展，而且也间接为科技中介机构的发展创造了市场需求。

八、实施培育技术市场政策

培育技术市场是创建国家创新体系的有效途径之一，各级政府要研究制订中长期技术市场发展规划，加快技术市场培育步伐，加强对技术市场发展的宏观调控和指导；要改进管理方式，调动和鼓励科研院所、高等院校、国有企业、科技型中小企业等市场主体进入市场要按照国家产业政策和技术政策，大力促进和引导高新技术、先进适用技术、专利技术、军民两用技术和成熟配套技术进入市场；要把市场

机制引入各类科技发展计划，促进科技计划与技术市场接轨，使计划项目成果能够通过技术市场渠道源源不断地进入生产领域，得到更加广泛的应用和推广要积极发挥各级政府采购在技术市场交易中的作用，创造并引导市场需求要建立与政府投入相适应和符合科技资产流通特点的国家科学技术资产管理和技术资产交易体制。

九、实施加强科技中介从业人员队伍建设政策

科技中介工作是一项开拓创新性和专业性很强的工作，对从业人员的要求比较高。因此，各级政府要制定切实有效的激励政策，培训、吸引和使用好科技中介服务人才；要多层次、多形式、多渠道地加速培养各类科技中介人才；要抓好高新技术专利代理人和技术经纪人等队伍的建设，开展注册咨询师资格认证与管理工作；要鼓励和支持科技中介机构建立学习型组织，努力提高从业人员业务水平；要以在职培训和资质培训为主要内容，突出抓好科技中介从业人员培训工作，大力提高科技中介人员的管理水平和服务能力；要积极开发、吸引高等院校、科研院所、留学回国创业人员等人才群体，建立科技中介服务业人才库。

十、实施加快科技中介机构共享平台建设政策

科技中介机构要提高服务质量和核心竞争力，必须建立行业性的共享平台，实现信息资源的高效整合与对接，节约成本，提高创新要素和运行主体效率的竞争水平。各级政府要公开政府资助的科研项目的研究成果（涉及国家安全与秘密的除外），通过科技中介机构整合科研成果信息，使得信息为科技中介机构所获取和使用；要进一步加强公共科技信息平台和数据库的建设，制定实施科技资源的共享制度，打破政府部门对公共科技信息资源的垄断，发动企业和社会力量共同投资建设，尽快形成一个功能强大的共享平台和一个共享的开放型数据库；尤其要加快中小企业信息服务网建设，促进科技中介机构服务能力的提高。

十一、实施协助科技中介机构开展国际合作政策

各级政府和科技管理部门要把推动科技中介机构的国际化进程，作为扩大国际科技合作与交流、组织开展出国培训等工作的重要内容，通过国际合作的方式组织国内外科技中介机构进行业务交流、学习和借鉴发达国家成功经验，特别是科技中

介机构的先进管理经验和专业化运作模式，推动我国科技中介机构的服务水平逐步与国际接轨；同时要支持有条件的科技中介机构积极开拓国际业务，在参与国际竞争中加快发展速度，提升国际竞争力。

第四节　科技中介机构发展与经济政策

促进科技型中小企业发展、促进中小企业创新应成为各级政府和科技管理部门促进科技中介机构发展的公共经济政策的必然选择与实施重点。实践证明，科技型中小企业是最具创新活力，也面临巨大创新风险的企业群体。发挥科技型中小企业的创新作用，需要政府为其创造更为有利的政策环境，应制定有利于中小企业创新和公平竞争的经济政策，建立健全科技中小型企业服务体系。政府支持企业的各种资源，应当明确向支持中小企业的技术创新活动倾斜。

一、建立有序竞争的市场经济体制

激烈有序的市场竞争是企业追求技术创新的动力。没有有序的市场竞争，就不会有活跃的企业技术创新；没有活跃的企业技术创新，就不会有对科技中介的旺盛需求。有序竞争的市场经济是科技型企业持续发展的先决条件。正是在市场发育日趋完善、市场竞争加剧的过程中，发达国家的企业的技术创新才蓬勃发展起来，并逐渐成为国家研究开发的主体。行业垄断、地方保护主义以及假冒伪劣产品肆虐等市场竞争的无序化会大大挫伤企业技术创新的热情和动力，削弱企业应用新技术的压力或动力，造成市场对科技服务的有效需求明显不足。

二、实施支持科技创新的经济政策

实施激励科技型中小企业成为技术创新主体的经济政策。一项自主的创新，从最初的构想开始到形成产业，通常是一个风险很大的过程。要想解决创新融资难的问题，就必须建立一套鼓励企业自主创新的经济体制。如以税收政策作为杠杆，激励企业增加研发投入；加快内外资企业所得税并轨，实行公平税赋，激励企业开发自主品牌的产品；完善创业投资保障体系，建立多层次资本市场体系，建立健全技术产权交易市场，为科技风险投资公司提供支持，对国家重大科技产业化项目给予优惠贷款支持等。

三、实施扶持自主创新的政府采购政策

利用政府采购政策推进技术创新、产品创新和产业结构升级，是科技中介机构发达国家的成功经验。政府可以通过实施政府采购促使科技型中小企业结构优化和鼓励其科技进步，通过购买最终产品和高新技术等手段来推动中小企业积极参与自主技术创新，利用政府采购政策增强科技型中小企业适应市场、推出新产品，直接将科学研究转化为生产力；同时，通过政府采购引导科技型中小企业、国家重大建设项目以及其他使用财政性资金采购自主创新产品；利用采购规模优势和政策功能导向，实现促进科技中介机构发展的目标。这样可以提高科技型中小企业的自主创新能力，促使我国科技型中小企业掌握一批核心技术，拥有一批自主知识产权，造就一批具有国际竞争力的科技型中小企业，从而不断提高国家竞争力。

（一）建立财政性资金采购自主创新产品制度，建立自主创新

（1）建立产品认证制度，建立认定标准和评价体系。由科技部门会同综合经济部门按照公开、公正的程序对自主创新产品进行认定；财政部会同有关部门在获得认定的自主创新产品范围内，确定政府采购自主创新产品目录，实行动态管理。

（2）政府应加强预算控制，优先安排自主创新项目。各级政府机关、事业单位和团体组织（以下统称采购人）用财政性资金进行采购的，必须优先购买列入目录的产品。财政部门在预算审批过程中，在采购支出项目已确定的情况下，优先安排采购自主创新产品的预算。财政、审计与监察部门要发挥监督作用，督促采购人自觉采购自主创新产品。国家重大建设项目以及其他使用财政性资金采购重大装备和产品的项目，有关部门应将承诺采购自主创新产品作为申报立项的条件，并明确采购自主创新产品的具体要求。

（二）建立激励自主创新的政府首购和订购制度

国内企业或科研机构生产或开发的试制品和首次投向市场的产品，且符合国民经济发展要求和先进技术发展方向，具有较大市场潜力并需要重点扶持的，经认定，政府进行首购，由采购人直接购买或政府出资购买。政府对于需要研究开发的重大创新产品或技术应当通过政府采购招标方式，面向全社会确定研究开发机构，

签订政府订购合同，并建立相应的考核验收和研究开发成果推广机制。

（三）实施国防采购扶持自主创新的政策

国防采购应立足于国内自主创新的产品和技术。自主创新的产品和技术满足国防或国家安全需求的，应优先采购。政府部门对于涉及国家安全的采购项目，应首先采购国内自主创新的产品，采购合同应优先授予具有自主创新能力的企业或科研机构。

四、实施支持科技型中小企业发展的财税政策

为了支持科技型中小企业创新政策的有效实施，从财税政策上给予科技型中小企业经济优惠具有十分重要的意义。税收优惠是指政府根据一定的社会目标和经济目标，对某些特定的课税对象、纳税人或地区给予照顾、鼓励而采取的减轻或免除税收负担的措施。对科技型中小企业实施税收优惠政策是政府运用税收调控科技型中小企业发展的重要经济手段，是引导和促进科技型中小企业发展的有效途径。

可以实施以下财政税收优惠政策：

（1）无论科研成果是否实现产业化，科技型中小企业都可把科研经费、中介服务支出列入生产经营成本。

（2）用于科研成果转化的非投资性支出可列入生产经营成本，实施建立和完善科技型中小企业信贷担保体系政策应成立多种形式的信贷担保机构，开辟多条渠道筹集担保资金。第一类是科技型中小企业贷款担保基金，主要靠国家财政注入资金和向社会发行债券，也可吸收中小企业出资和社会捐资。第二类是由地方政府、金融机构和企业共同出资组建的担保公司，主要为当地的科技型中小企业提供担保。第三类是会员制的担保机构，由科技型中小企业联合出资，发挥联保、互保的作用。值得注意的是，无论以上担保机构组织如何运作，都应当依据担保法等法律的规定，实行商业化经营。

五、实施建立科技型中小企业发展基金政策

为了帮助科技型中小企业解决发展的资金问题，可以建立促进科技型中小企业的发展基金，以贷款形式为科技型中小企业提供支持。为保证贷款的安全回收，贷

款前要对企业的项目进行评估，看其是否具备可持续的经营能力，且对企业贷款的最高额度不超过项目所需资金的50%。基金管理机构还可以为科技型中小企业提供信息和咨询，帮助其提高竞争能力和经营效益。

六、实施银行对中小企业的信贷服务政策

各级政府应鼓励银行积极发展适应科技型中小企业特点的融资业务，发挥好融资主渠道的作用，转变信贷观念，提高对科技型中小企业贷款的比例。地方性商业银行、城市和农村信用社要把科技型中小企业作为主要服务对象，满足它们合理的信贷需求。国家政策性银行也应当注意运用优惠贷款手段，扶持符合产业政策的科技型中小企业的发展。当然，为防范和及时化解金融风险，银行对科技型中小企业发放贷款必须坚持信贷原则。

七、实施拓展科技型中小企业金融融资网络政策

从我国实际情况看，当前科技型中小企业通过资本市场直接融资不可能成为主要方式。在今后相当长的时期内，它们将主要依靠间接融资。因此，要在现有的融资框架体系内，加大对科技型中小企业的信贷投入力度。一方面，对科技型中小企业要积极开办各种贷款，国有商业银行在成立为科技型中小企业提供金融支持的中小企业信贷部的同时，要增加对技术领先且有市场潜力、处于成长期的科技型中小企业贷款投入。城市商业银行和城乡信用合作社应逐步发展成为科技型中小企业信贷体系的核心。另一方面，要灵活地运用多种信用工具，积极为符合条件的中小企业开办承兑汇票、贴现、信用证等，扩大间接投入。在投入结构上，应加大科技型中小企业技术改造的投入力度，重点支持中小企业的扩大再生产，推动科技型中小企业产品技术升级，提升科技型中小企业的市场竞争力。

第五节　科技中介机构发展与法治环境

随着知识经济时代科技功能价值的日益凸现，随着社会主义市场经济进程的逐步深入，人们已越来越深刻地认识到科技中介机构的重要性。但是，将科技中介机构作为一个完整的、特定的市场主体进行研究尚未全面展开，一方面是由于科技中

介机构自身的复杂性，既表现为科技中介机构的种类繁多，又表现为科技中介机构的经济性质多样；有的是政府支持创办的，有的是自愿组织成立的；有的是事业单位，有的是企业。另一方面也反映了我国长期以来只重视研究和生产单位的发展而对服务贸易重视不够。随着科技体制改革不断深入和世界贸易组织规则对我国生产、贸易影响的日益加深，对科技中介机构的发展予以综合研究，寻求促进其规范发展的措施和办法，是当今政府和立法部门面临的重大课题。

从目前科技中介机构的法治环境现状看，各类科技中介机构的活动基本上都有一定的法律基础，都可以在一定的法律框架下行使权利和义务。但从国家宏观协调管理的角度上看，促进和支持科技中介机构发展仍然任重而道远。

一、营造有利于科技中介发展的制度环境

政府和立法部门作为制度设计者，要通过立法、政策导向推动、引导科技中介关注科研机构和企业的技术创新，要通过制度创新消除影响科技中介发展的障碍，使科技中介服务组织在技术成果与市场之间架起桥梁，沟通政府与创新主体的联系，促进科技中介业务的顺利发展。

国家和地方已相继制定了多部与科技中介服务有关的法律法规，但与国外发展相比仍存在较大差距。一般来说，国外也很少有专门制定一部通用的中介机构法律的情况，对每一项具体的工作或机构都有相关的法律支撑。目前，我国的政府体制改革工作尚未完成，部门管理多元，法规条例简单、重复或过于刻板，有些新兴领域则出现管理空白。我国在不同领域的开放程度不同，与国际接轨程度仍有差异，法律法规也仍不健全。所以，营造有利于科技中介发展的制度环境，已成为国家和地方政府的当务之急。通过废止与国际规则和现行国内法律有冲突的法律法规、修改与世界贸易组织规则有部分冲突的法律法规、制定补充目前法律尚未调整的部门领域规章制度等一系列法制建设，国家和地方政府为推进科技中介服务的体制和机制进一步创新，为加快培育优秀的科技中介服务队伍，为尽快建立专业化、规范化和国际化的科技中介机构而不懈努力，我国科技中介机构的健全发展指日可待。

二、建立有利于激励科技中介服务的人才评价和奖励制度

要建立符合科技中介人才规律的多元化考核评价体系，对从事技术研究、技术

交易、技术管理、技术支持、技术咨询、技术信息服务等各类人员实行分类管理，建立不同专业领域、不同类型人才的评价体系，明确评价的指标和要素；要改革和完善国家科技中介奖励制度，建立以政府奖励为导向、社会力量奖励和用人单位奖励为主体的激励科技中介、奖励科技中介的制度，把培养和凝聚科技中介人才，特别是优秀人才作为科技中介奖励的重要内容；要建立和完善科技中介信用制度，对从事科技中介的相关人员、机构进行信用监督，增强道德规范，促进行风建设。

三、推进科技创新基地与条件平台的开放共享制度建设

各级政府和科技管理部门要制定科技创新基地与条件平台向全社会开放的制度，建立完善国家科研基地和科研基础设施向企业与社会开放共享的机制、制度，把面向企业和社会提供服务作为考核科研基地运行绩效的重要指标。国家知识产权管理部门要建立知识产权信息共享制度，构建知识产权信息共享平台，促进和支持开展知识产权信息加工和战略分析，为自主知识产权的创造和市场开拓，为技术创新和产业化提供知识产权信息服务。

四、我国科技中介机构法治环境建设的重点领域

综合我国科技中介机构发展的法治环境现状，当前，我国科技中介机构的法治环境建设的重点领域主要有以下三方面：

（一）合理确定促进和支持科技中介机构的范围

目前，科技型中介机构的组织和服务形式正在不断发展之中，国家和地方政府在确定支持和扶持的范围时，既要明确现有科技中介机构的法律地位，又要为科技中介机构新的组织和服务形式的发展留出足够的空间，为此，应从原则上合理确定科技中介机构支持和扶持的范围。

科技中介机构根据现状大致可以分为两类，即与科技成果产业化活动相关的社会中介服务机构和与科技活动密切联系的中介服务机构两大类。与科技成果产业化活动相关的范围可包括法律、财务、金融、人才等社会中介服务机构；与科技活动密切联系的范围可包括技术经纪、咨询、评估、技术信息、技术交易场所、孵化器、中试基地、生产力促进中心、风险投资项目管理等中介服务机构。在肯定与科

技成果产业化活动相关的社会中介服务机构作用的基础上，要突出重点，加强对与科技活动密切联系的中介服务机构的支持和扶持；制定分类管理办法，规范中介机构的服务，提高其服务质量。

（二）建立统一和协调的科技中介机构管理机制

除了法律法规明文规定外，对科技中介机构还应实行相对集中的管理体系，这样做既有利于从技术市场范畴将其作为完整的、特定的市场主体进行研究，也有利于从与国际接轨的角度，将与《服务贸易总协定》有关的内容作为一个整体予以综合考虑，加强对科技型中介服务机构的协调、支持和扶持。

为此，一要建立健全国家对科技中介机构管理的决策机制，强化国家对科技中介机构发展的总体部署和宏观管理，加强对重大科技中介政策制定、重大科技计划实施和科技基础设施建设中的科技中介活动统筹。二要建立健全国家科技中介机构的宏观协调机制，确立科技中介政策作为国家公共科技政策的基础地位，按照有利于促进科技创新、增强自主创新能力的目标，形成国家科技政策与经济政策协调互动的科技中介政策体系；建立部门之间统筹配置科技资源的协调机制；加快国家科技行政管理部门职能转变，推进依法行政，提高宏观管理能力和服务水平。三要进一步发挥科技中介机构在科技成果评价、科技计划项目管理中的作用。

（三）正确制定科技中介机构发展的优惠政策

一是根据国务院技术创新决定的规定，对以向社会提供公共服务为主的中介服务机构，经认定后可按非营利机构运作和管理。

二是加强对场所、基地和基础设施建设的支持和资助，加大对科技中介机构发展的扶持力度，加强科技中介机构发展的基础设施建设，加快科技中介机构信息共享平台建设，提高科技服务能力和科技成果产业化水平。

三是扩大经认定登记的技术合同享受税收优惠的范围。中共中央国务院技术创新《国家技术转移体系建设方案》规定："对技术转让、技术开发和与之相关的技术咨询、技术服务的收入，免征营业税。"这里强调了技术咨询和技术服务必须与技术转让和技术开发有关联才可以享受税收优惠，技术咨询和技术服务无法单独享受优惠。这条规定虽然对于以技术开发和技术转让为主开展活动的研究机构来说是合适的，可以引导这些机构加强研究开发活动。但事实上，技术咨询和技术服务在很大程度上都与科技中介机构的活动有关，因此对于科技中介活动来说，这条规定实际上限制了科技中介机构的发展。为此，建议取消"与之相关"这一限制，而要采取相应的措施支持科技中介机构的发展。

第六章　浙江省科技中介发展策略研究

第一节　浙江省科技中介服务体系的现状

一、管理体制和运行机制不合理

目前，浙江省多数科技中介服务机构要么是从政府部门分离出来的，要么是作为政府的附属机构，实行事业单位运作模式的占相当大的比例这类机构政府投资比重过大，缺乏独立性。这种角色的缺失和政府的越位，不仅使得科技中介机构在履行自身职能时受到政府部门的制约，还往往过度依赖政府补贴和享受优惠政策，缺乏追求经济效益的动能。这些没有明确的市场定位、竞争意识和服务意识薄弱的科技中介服务机构，缺少对自身组织性质、主体业务、发展规划等问题进行系统研究和思考，内部也没有效的竞争和约束机制，必然导致其开拓市场和增强自身能力的动因不足，影响了科技中介机构提供创新服务的灵活性和积极性。

二、创新要素的服务能力不足

（一）人员专业化程度偏低

科技中介属于专业性和创新性强的知识密集型行业，行业的特殊性决定了科技中介机构对高素质从业人员的需求。相关从业人员不仅要具有技术背景，还应掌握经济、法律、管理等多学科知识。而根据浙江省第二次经济普查数据，全省取得国家科技部颁发的"技术经纪人"资格证书的人员占全部从业人员的比重不足1%。目前，在浙江省的科技中介机构中，硕士及以上学历者仅占5%，普遍面临专业科技人才短缺的问题。西方发达国家的经验表明，高素质的专业人才是科技中介机构最重要的资产，也是科技中介机构进行服务创新的关键要素，如英国技术集团科技中介服务公司拥有员工 180 多名，其中 80% 是科学家、工程师、专利代理、律师或者会计师。此外，由于对科技中介服务重要性认识的偏差和相关配套政策的因素，高层次人才往往不愿介入这一行业，这也加剧了科技中介机构人才的匮乏。

（二）缺乏高增值化服务

从浙江省科技中介机构所提供的服务内容来看，整体服务水平偏低，主要以技术信息发布、科技咨询、科技培训为主，提供高层次增值服务的水平较低。

在实践中，一些科技中介机构，如科技信息中心、人才交流中心、技术交易市场，往往对通过各种渠道和手段获得的技术信息、人才和创新所需要的配套资源不进行二次开发和加工就直接提供给创新主体，自身很少直接参与创新活动，提供的基本上是一种低增值的服务，在科技风险投资咨询、科技信用评价、先进制造技术、项目国际交流等高增值化服务方面能力严重不足，已经不能很好地满足企业的创新需求。

（三）科研创新投入仍显不足

科技中介机构提供的产品大多属于高新技术产品，技术研发的一次性投入较大。虽然 2010 年浙江科学研究与试验发展投入总规模在全国排名提升到第五位，达到 494.2 亿元，但与处于全国前三位的江苏、北京、广东相比差距仍然比较明显。资金的不足往往会制约科技中介机构服务创新能力的发挥，例如农业科技推广需要各种配套政策和资金的支持，而浙江省农业科研经费和农业推广经费占农业生产总值的比例远远低于世界发达国家和地区的水平。

（四）信息不对称

纯研究和应用研究的分离进一步增强了社会对科技中介机构服务创新的需求。在区域创新系统中，创新主体活跃的创新活动形成对科技中介机构服务的有效需求，而科技中介机构要提供满足需要的创新服务产品才能真正促进技术创新活动。2011 年一项对浙江省科技成果转化存在问题的调查表明，制约高校和科研院所科技成果转化的最大问题是成果脱离市场，占比分别达到了 36.4% 和 40.7%。2009 年至今，浙江在线技术市场技术成果交易呈逐年下降趋势，从其发布的技术难题数和技术成果数两项代表性数据表明，产业技术需求与技术供给不平衡。浙江省科技中介机构的服务能力、服务质量、专业化程度亟待加强。

三、科技中介机构协同创新网络尚未形成

以德国巴登－符腾堡地区为例，其拥有 400 个技术转移中心并且形成网络，将该地区密集的智力资源与中小企业联系起来，实现了高校和科研机构技术产品的市场化推广，使中小企业能够快速获取技术等相关信息，促进了区域创新系统内中小企业之间以及企业与科研院所的往来和交流，大大推动了技术创新和技术扩散的升级的快速发展。

在科技创新平台建设上，浙江省已初具规模，但存在着重复建设、"重布局、轻运行"以及有效性差等问题，如科技成果数据库、专业人才数据库、专利数据库等的建设还比较薄弱，这也影响了网络服务效能的充分发挥。

四、配套的法律法规体系不健全

法律法规体系的构建是科技中介组织体系良好运行的保证。市场秩序混乱就会存在无序竞争和不公平竞争，将打击科技中介机构服务创新的积极性，妨碍创新服务活动实施。尽管国家已经制定和实施了《中华人民共和国专利法》合同法《中华人民共和国科技进步法》促进科技成果转化法等，浙江省也出台了《关于促进我省民营科技研究开发机构发展的若干意见》等相关政策文件，但从全国到地方还没有一部完整的关于科技服务业的法律法规，缺乏系统的机构资格认证制度，无法满足科技中介机构市场化运作的需要。

第二节　浙江省科技中介服务体系的构建

党的十六大报告指出："走新兴工业化道路，必须发挥科学技术作为第一生产力的重要作用，注重依靠科技进步和提高劳动力素质，改善经济增长的质量和效益"深化科技和教育体制改革，加强科技教育同经济的结合，完善科技服务体系，加速科技成果向现实生产力转化"面对这一新的要求，如何加快科技创新的成果转化，建立适合社会主义市场经济体制的科技成果转化服务体系，就成为我国目前极

为紧迫的任务。

就浙江省而言，以中小民营企业为主的经济模式，给浙江经济发展带来了无限生机。但是，随着经济的发展和加入世界贸易组织，浙江中小民营企业在面对经济全球化和参与国际市场的竞争中遇到了巨大的挑战，企业科技创新乏力，社会科技创新转化机制不灵，转化效果不佳，使得浙江中小民营企业的技术竞争力大大削弱。因此，在市场化程度高度发达的浙江省，如何建立有效的现代科技成果转化机制不仅对浙江省乃至对全国都将具有深远的现实意义。而在当今世界，解决科技成果转化问题，最有效而且成熟的办法是发展科技中介机构。近年来，我国也出现了一批科技中介服务机构，从数量上说已经不少。但是，我国科技中介服务机构散、乱，机制不健全，人才不足，服务不到位等问题使得转化效果很差。科技与经济脱节问题没有得到根本的解决，科技成果转化率低，大大低于发达国家水平。造成这一问题有多方面的原因，其中一个很重要的原因是科技中介服务体系不健全，信息沟通不充分，技术市场交易不活跃。因此，大力发展科技中介是加速科技成果转化，促进科技与经济结合的一项重要措施。

一、总体思路

科技中介机构是区域科技创新体系的重要组成部分，在产、官、学、研之间发挥居间、纽带、传递的作用，主要面向社会开展科技扩散、成果转化、科技评估、咨询决策、技术资源的配置等专业化服务，推进科技创新的产业化。

党的十六大首次提出了建设国家创新体系的任务和目标，这是顺应科技经济发展形势在党的会议上做出的一项重大决策，事关科技和经济发展的全局。国家创新体系是融创新主体、创新环境和创新机制于一体，在国家层次上促进全社会创新资源合理配置和高效利用，促进创新机构之间相互协调和良性互动，充分体现国家创新意志和战略目标的系统。具体到一个省、一个地区来说，就是要建设区域科技创新体系。区域科技创新体系是国家创新体系的重要组成部分，包括以区域产业集群为核心的、与区域经济发展相一致的区域科技创新系统，以及以中心城市集聚和辐射为特征、带动周边地区科技发展的区域科技创新系统。

区域科技创新体系包括研究开发、科技中介服务、技术市场、基础条件保障、政府管理服务、人才支撑等多个子体系。科技中介服务体系是区域科技创新体系的重要组成部分，科技中介服务队伍是人才支撑体系中的一支重要力量。对于浙江来说，由于大院大所较少、中小企业居多，要提高研发能力需要较长时间的努力，而发展科技中介机构则能尽快地提高创新资源的整合水平，提高整体创新能力。而对于市、县（市、区）来说，大学、科研院所、大中型企业更少，更需要加快科技中介机构的发展。也就是说，越是到基层，科技中介机构培育发展就越重要、作用体现也就越大。例如，中国浙江网上技术市场要组织企业难题招标、科技部门课题招标，但是有的企业由于缺乏科技人员，难以从生产实践中提炼出技术难题，更谈不上招标课题的任务书设计、合同书起草了。这就需要区域科技创新服务中心这样的科技中介机构提供专业化的服务。从某种意义上讲，一个县域或许可以没有科研机构，但绝对不能没有科技中介机构。同时，培育壮大科技中介服务队伍，对于开创"一呼百应"、万马奔腾的科技工作新局面，也具有十分重要的意义。

经过几年的努力，浙江省科技中介服务体系建设取得了一定的成绩。涌现了永康五金省级科技创新服务中心、绍兴轻纺科技中心等一批专业特色鲜明、经营机制灵活、科技创新带动作用成效明显的科技中介机构典型。但是，浙江省科技中介服务体系建设还处于探索和起步阶段，目前还存在许多不足，主要表现在以下几方面：一是科技中介机构的非专业化和从业人员的非专职。有的中介服务机构的专业性不强，有的科技中介机构的大多数从业人员是兼职的，这就决定了它们提供的服务是附带的、一般的、偶然的，而不是全面的、系统的、深层次的。二是它们所提供的是间接的，而不是面对面的、全程的服务。由于科技成果转化的复杂性，一些服务对象，例如，农户迫切需要的是面对面的、适时的、便利的服务，而一些科技中介机构却习惯于办刊物、发资料，很少为服务对象提供现场服务，更不用说提供全程服务，因此针对性不强，效果也不好。三是科技中介机构与区域经济的结合还不够紧密。目前，许多科技中介机构对当地党政领导关注的高新技术产业培育、区域经济支柱产业提升、财政增收和促进就业研究不够，对服务对象关注的需求研究不够，造成科技中介业务特色不够鲜明、专业化程度低、服务不够到位、服务对象不够稳定等。四是科技中介机构的非企业化经营使得工作人员对业绩不够关心，服务质量也不够好。科技中介机构机制不够活，从业人员的报酬、升迁与服务业绩没有直接挂钩，造成服务质量和效率不够灵高，服务工作不到位。这些问题如果得不到有效解决，就难以发挥科技中介机构在推动科技创新和科技成果产业化中的积极作用，科技中介机构自身也难以生存和发展。因此，科技中介机构的发展必须破解上述矛盾和问题，着眼于提供专职、专业、便利、全程、有效的服务，走与区域经济相结合、企业化经营、多种形式的发展之路。

二、建立浙江区域科技中介服务体系

（一）要明确目的

科技中介机构要以推动进步与创新，实现高新技术大面积、大规模推广应用，促进科技成果转让为目的，通过为企业、大学、科研院所和科技人员的有效服务，取得合理收益。但现在的问题，一是许多科技中介机构仅盯着科技部门，只靠科技部门委托的事务维持生计、解决温饱，而不是推广高新技术，促进科技成果转化，去赚企业的钱、赚企业家的钱，为多数企业、企业家服务去赚更多的钱；二是许多科技部门把科技中介机构当作为自己找几个帮工、助手，有的则视科技部门为自身搞福利创收的单位，有的甚至把其当作"第二科技局"。这一方面造成了政事不分，政企不分，体制落后，效率不高；另一方面又造成了科技中介机构的过于依赖政府，缺乏市场竞争意识，改革的紧迫感不强，发展的内在动力不足。政府搞嫡系部队的特殊政策，违背了世界贸易组织的"国民待遇"的原则，造成市场竞争的不公平、不公正。因此，要着力解决科技中介机构发展目的不明、思想认识不到位、功能定位不准等问题。

（二）要专业发展

科技中介机构要在市场竞争中求生存、求发展，就必须在做精和做上大下功夫。区域经济发展有个差异性竞争优势的问题，一个企业要在激烈的市场竞争中站稳脚跟，就要有产品差异性优势。同样，对于一个科技中介机构来说，专业化以及提供服务的差异性是保持其生命力的前提和基础。专业化是指科技中介机构将主要精力和资源集中到一个或几个核心业务上，努力培育上水平、上质量、叫得响的服务；差异性是指科技中介机构所提供的核心服务要与其他中介机构有所不同，形成自己的特色。强调专业化对于浙江省刚刚起步的科技中介服务业，尤其是那些规模较小、没有足够能力开展更多服务的科技中介机构来说更具有实际意义。在新科技革命迅猛发展、多学科交叉融合、研发产业一体化、科技成果商品化周期大大缩短的今天，一个科技中介机构要"大而全""小而全"、"万事不求人"，什么都懂、什么都干，这是不可能的，也是不现实的。"万金油"式的什么都干，肯定什么都干不好。科技中介机构只有专业干，提供专业的特色服务，专业行业技术才能娴熟；也只有敏锐掌握专业行业信息，洞悉市场变化，做深做透服务文章，为企业提供全程服务，才能赢得企业的充分信任，求得与企业的长期合作，谋求自身的长远发展。例如，我们根据浙江区域特色经济明显的实际，牢牢把握"四个百人之十"来抓区域科技创新服务中心建设，取得了明显成效，得到了当地党委政府、各部门、企业家和农民的欢迎和广泛支持。温岭的先导电机研究所为众多生产潜水泵的中小企业提供科技服务，为一百多家企业培训了有关人员，深受企业的欢迎。如果温岭的先导电机研究所离开区域经济去抓区域科技创新服务中心建设，就会隔靴搔痒，抓不住要害，不能解决问题。这是一条十分重要的经验，在发展科技中介机构时，要毫不动摇地、一以贯之地坚持之。

（三）要全程服务

科技成果转化是一个复杂的过程，涉及技术评判、技术评估、成果包装、市场预测、二次开发、中试检测、设备安装、工艺调试、政策咨询、知识产权、人员培训等诸多环节。在浙江省中小企业居多、农民企业家居多，企业科技人员少、农民文化素质低，一般的企业对技术的判定、技术的市场前景、技术的先进性、技术价格的评定、技术风险的预测、企业经营策略的谋划等诸多方面缺乏深入的研究和经验，一般不可能独立完成科技成果转化的全过程。而科技成果提供方的科技人员不可能长期蹲点在企业，提供随时的、便利的、全程的服务。这就需要就近的、专业的科技中介机构为企业提供全程服务。同样，大学、科研院所对科研比较熟悉，而对技术评估、成果包装、合同签订、市场运作等诸多环节缺乏经验，也需要科技中介机构为之提供服务。如果没有中介机构的全程服务，科技成果转化的各个环节就很容易出现问题，一旦出现问题，成果产业化就很难实现。据有关方面调查，一个企业从初创期到稳定期，有 10 ～ 12 个环节需要得到专业指导。一些跨国公司的发展历程表明，即使每一个环节的服务效率都不低于 90%，企业的成功率仍不会超过 20%。我国对中小企业在每一个环节上的服务效率不超过 50%，据此推算，其成功率可能不到 10%。因此，科技中介机构必须为中小企业的发展在各个环节上提供优质服务，提供全程服务。

（四）要体制创新

企业和科技人员都希望科技中介机构负责任地开展中介服务，帮助他们真正解决问题。这就是说，科技中介机构的中介服务必须服务到位，讲究信用和效率，其工作人员必须高度关注科技中介的业绩和结果，把其业绩与个人的进退去留、报酬高低紧密挂钩。因此，科技中介机构必须实行"人员能进能出、岗位能上能下、报酬能高能低"，与科技中介业绩直接挂钩的企业化经营制度。科技中介机构应实行企业化经营，深化内部改革，创新发展机制，避免"穿新鞋走老路"，否则就干不出新的事业，干不成新的事业。这是因为，一个吃"大锅饭"的机制这是没有活力的。没有活力的组织或机构是发展不了的，也吸引不了一流的人才如果机制不转换，组织机构就得背包袱。科技中介机构应做到：一是实行企业化经营。具体讲就是科技中介机构要实行人员试用期制、用工合同制、岗位聘任制、工资绩效挂钩的责任制、董事会或者理事会领导下的经理或主任、总工负责制，实行养老、失业、医疗等社会保障制度，归纳起来是"六制"：即试用期制、合同制、聘任制、责任制、行政经营"一把手"负责制、社会保障制，做到人员能进能出、岗位能上能下、工资能高能低，形成科技中介人员优胜劣汰的竞争机制。同时，有条件的科技中介机构要按照现代企业制度的要求，进行规范的公司制改造，完善法人治理机构。二是建立动态激励机制。人力资源是第一资源。科技中介服务是知识服务、知识劳动，科技中介行业的发展主要不是依赖资本，而是主要靠"知本"，关键在于从业人员的专业知识水平。科技中介机构必须贯彻落实十六大提出的"四个必须尊重"的重大方针和"确立劳动、资本、技术和管理等生产要素按贡献参与分配的原则"，走以人为本的发展之路；要落实技术要素按贡献参与分配的政策，使知识资本化、技术分配制度化。有条件的科技中介机构可实行年薪制或期权制，鼓励技术骨干、技术团队持大股，充分调动科技人员的积极性，把科技人员的利益与科技中介机构的发展捆在一起。三是要产权多元化发展。实践证明，民营股份制体制产权清晰、权责明确、机制灵活，有利于科技中介机构的发展。例如，绍兴轻纺科技中心就是以民营金昌电脑公司为基础发展起来的一个成功典范。要打破单一的所有制结构，发展多种形式、多种所有制的科技中介机构，尤其是民营科技中介机构和混合所有制科技中介机构；要继续深化国有科研科所体制改革，大力鼓励有条件的院所转制为科技中介机构。推进自有科技中介机构产权制度改革，或进行产权重组，或转制为民营科技中介机构，或实行"国有民营"；鼓励企业、民营科研机构与大学、科研院所联合创办科技中介机构，实行优势互补、良性互动。

（五）要建立信用品牌

市场经济是契约经济，守信履约是市场经济的基本要求。信用是资源，是品牌，良好的信誉是科技中介机构生存发展的基础。世界著名的美国安达信会计事务所，因涉嫌帮助安然公司造假而陷入信用危机。这件事提醒我们，"诚信"是市场经济的根本，任何科技中介机构及从业人员都必须遵守"游戏规则"，如果贪图一时之利而置规则于不顾，则最终必将受到惩罚，科技中介机构只有诚实守信才能赢得客户的信任，赢得了客户的信任就赢得了业务；相反，失去客户的信任也就随之失去了业务。科技中介机构一旦失去了良好的信誉，客户就会流失。

三、营造环境，充分发挥政府在推进科技中介机构发展中的作用

在市场经济条件下，科技中介机构是自主经营、自负盈亏、自我发展的市场竞争主体，但有的科技中介机构也具有一定的公益性，具有准公共服务的特性。如果政府在培育发展科技中介机构中当"甩手掌柜"，放手不管、放任自流，就等于放弃了浙江中小企业的科技进步。培育发展科技中介机构，就是政府解决一家一户的中小企业、一家一户的农户都需要，但每家都单独办不了、办不好的事。但是，科技中介机构是民间行为主体，要独立动作，不能政事不分、政企不分，也不能成为行政的附属物。在培育科技中介机构上，政府主要充分发挥监管和服务的作用，为科技中介机构的发展营造良好的环境，做到服务不包办、依法监管不撒手、营造发展环境不放松。

（一）培育市场

科技中介机构是市场经济发展的产物，巨大的社会需求、良好的市场环境是科技中介机构健康发展的基础。技术市场越发达兴旺，科技中介机构的发展条件就越优越完备。中共中央政治局委员、浙江省原省委书记张德江在视察永康市时指出："最大的市场在网上。"我们要大力培育繁荣中国浙江网上技术市场，一方面要继续大力鼓励大学、科研院所、科技人员大力研发高新技术，在互联网上发布高新技术科技成果信息，到互联网上寻找课题和经费，推销自己的科技成果，激活科技供方

的科技中介服务需求；另一方面要在企业大力推广应用高新技术，在推广高新技术中创造新的科技中介服务市场。要鼓励企业建立交易网点，在互联网上开展科技项目招标、在线洽谈和成果交易，激活科技需方的科技中介服务需求；与此同时，要进一步完善企业难题库、在线洽谈项目库、专利成果库、科研机构库、中介机构库、科技专家库等，加紧安全软件、身份认证、电子支付等系统的开发。只有这样才能创造各类市场主体平等使用生产要素的环境，才能创造新的科技中介服务需求，培育科技中介服务市场，为科技中介机构的发展创造良好的技术市场环境。

（二）政策扶持

科技中介机构与其他中介机构不同，服务的要求高，回报低，社会意义大，是一类特殊的中介机构，政府要提供特殊的政策支持。一是要抓好政策的落实。科技中介机构一开始不可能赚很多钱，不可能很快实现自我积累。国家和各部门要认真贯彻落实国务院转发的科技部、虽编办、财政办、税务总局《关于非营利科研机构管理的若干意见》和科技部、民政部《关于印发科技类民办非企业单位登记审查与管理暂行办法的通知》，对符合条件的非营利性科技中介机构、非企业性的科技中介机构给予必要的税收优惠等政策支持。前不久，浙江省出台了《关于促进我省民营科技研究开发机构发展的若干意见》，要很好地抓好贯彻落实；同时，对在工商登记注册的实行企业制度的科技中介机构，符合条件的要抓紧认定为高新技术企业或民营科技型中小企业，并按规定享受有关政策。二是进一步推行行政事务委托制，支持科技中介机构的发展，要认真贯彻落实我厅制定的《关于科技行政事务委托中介机构办理的暂行办法》，对技术性较强的事务性工作，对面向公众服务且工作量较大的事务性工作等，按照公正、公平、择优、诚信的原则委托中介机构办理。在行政事务委托时，科技中介机构与科技行政部门之间的关系是民事主体之间平等的关系，是事务的委托与被委托关系，要签订劳务委托合同，实行责任制并进行考核。三是采取逐级培育的方法，大力提升科技中介服务机构的水平，对符合条件的省级区域科技创新服务中心积极推荐申报国家级示范中心。四是认真贯彻落实十六大关于"四个必须尊重"的重大方针，研究制定鼓励科技中介机构发展的新的政策措施。

（三）指导服务

一是要强化规划引导。抓紧制订区域科技创新体系建设规划，把科技中介服务体系作为重要内容，明确发展思路、目标任务和政策措施。二是要强化政策引导。三是要强化示范推动。榜样的力量是无穷的。发展科技中介服务机构是一项探索性工作，需要在实践中不断总结完善。要像区域科技创新服务中心建设那样，抓出一批典型，总结经验，大力推广。四是要强化工作推动。在科技中介机构培育过程中，改变只给钱、不管任务的做法，要帮助科技中介机构规划主体，并通过行政事务委托、共性技术项目的联合招标等措施，培育形成主业，促进服务水平和质量的提高。

（四）市场监管

开放、竞争、有序是现代市场体系的基本特征，良好的市场秩序是科技中介机构健康发展的前提和基础。规范市场秩序，一方面要靠德治，另一方面要综合运用经济的、行政的、法律的、政策的等多种措施，做到自律与他律相结合、德治法治双管齐下。科技部门与科技中介机构的关系，有两种：行政事务委托时，是平等的民事主体之间的关系；当科技部门对科技中介机构进行依法监管时，是管理与被管理的关系。监管的目的是为了保障市场秩序，保护科技中介机构的合法权利，促进科技中介机构健康发展。一是建立从业资格认定制度。抓紧研究制定科技中介机构及其从业人员认定条件、认定程序，审定科技中介机构的资质，建立市场准入机制和严格的退出机制。二是建立信用资质评价制度。信用既属于基础范畴，又属于经济范畴。当前科技中介机构受到制约的原因之一，是缺少信用评价体系，致使很多客户存在矛盾心理，一方面迫切需要中介服务，另一方面又感到风险较大，因此持态度谨慎。我们要抓紧研究制定科技中介机构的信用评价，以用户为中心，以服务质量为重点，采用科学、实用的方法和程序，对科技中介机构的服务能力、服务业绩，以及和社会知名度、内部管理水平、遵纪守法情况、用户满意程度等进行客观、公正的评价，评价结果向社会公示、发布；要建立信用评价信息发布和查询制度，推动信用监督管理社会化。三是建立赏罚分明的奖惩制度。对干得好的科技中介机构，我们将通过优先委托授权科技行政事务委托、优先向企业推荐代理技术难题等科技中介业务，并通过媒体进行宣传，为这些科技中介机构开拓市场树立品牌；对干得不好的科技中介机构要依法给予黄牌警告，或给予依法停业整顿，或依法取消其从业资格将其淘汰出局，有的还要追究责任。四是依法调处科技成果供方、需方、中介方之间的纠纷，依法保护科技中介机构的合法权益。

（五）打造平台

开放共享科技基础条件大平台的建设，既是提高区域科技创新体系的整体运行效益的客观要求，又是激活企业和科研机构的科技中介服务需求的现实要求，也是培育发展科技中介机构、提高科技中介机构服务质量的内在要求。因此，我们要走园区和基地集聚、多家投资、开放共享的科技条件大平台发展之路，打造一批科技条件大平台，为高新技术大面积各大规模推广应用创造条件。如我们要按照统一规划设计、集成共建共享的原则，省、市、县联合推进，提升技术市场网、完善政策法规门户网、拓展孵化创业投资网、做专研专利和研究资料信息查询网、办好科普远程教育网、筹办技术产权交易网，实现六网合一，打造浙江信息网站航母；对于产值上 50 亿、上百亿的区域特色产业，要创造条件，争取建立国家级的技术检测机构，为量大面广的中小企业提供服务。

四、狠抓落实，力争"十五"期间在发展科技中介机构上取得新业绩

"十五"期间是开创浙江省科技中介服务业发展新局面的重要阶段。开好局、起好头，意义十分重大。我们要按照党的十六大提出的"发展要新思路，改革要有新突破，开放要有新局面，各项工作要有新举措"，全面贯彻落实浙江省科技工作会议提出的"与日俱增，创新争先"的科技工作主题，进一步突出重点，注意实效，狠抓落实，力争在培育发展科技中介机构上取得新业绩。

（一）要大力发展区域科技创新服务中心

一是要明确目标任务，制定发展规划。要着眼于提升区域经济支柱产业、特色经济，为两个"千家万户"提供有效的科技支持，抓紧研究制订全省区域科技创新服务中心建设规划，明确发展目标，确定发展重点，制定政策措施，主动设计，合理布局，抓好落实。各市、县（市、区）都要结合自身的实际，制定相应的发展规划和政策措施。区域科技创新服务中心也要制定自身的发展规范，并抓好落实，在提供有效的服务中发展壮大。二是要逐级培育，逐级提升。要大力推广绍兴的做法，采取省、市、县一起抓，逐级培育，逐级提程式发展，形成逐级培育提升的梯队。需要强调指出的是，省级、市级、县级只是一块牌子，而不是行政隶属关系。

目前已建的省级区域科技创新服务中心要加快发展，力争提升为国家级示范中心。三是培育特色优势，提升服务水平。区域科技创新服务中心要在为区域特色经济、支柱产业的改造提升服务，为两个"千家万户"提供科技支撑服务，培育拳头产品、特色服务，尽快形成主业。要围绕共性技术的研发和推广应用，进一步拓展服务领域，增加快速设计、快速成型等服务功能，建立和完善诸如领带、袜子、五金、珍珠等专业行业网，提升服务能力。要大力推广湖州淡水渔业、丽水食用菌等省级区域科技创新服务中心的经验和做法，鼓励区域科技创新服务中心进一步加强与大学、科研院所的合作，形成拳头服务项目，推动特色优势产业的快速发展。四是转变作风，真抓实干。科技部门要进一步转变作风，组织专门的力量，深入基层，调查研究，帮助和指导区域科技创新服务中心进一步理清发展思路，对要求创建区域科技创新服务中心的给予创建指导。区域科技创新服务中心建设要注重实效，切不可搞形式主义，要干一家成一家。只有这样，区域科技创新服务中心建设才能落到实处，才能抓出成效。为鼓励区域科技创新中心的快速发展，政府将给予必要的政策扶持。凡是能够提出符合要求的共性技术课题的区域科技创新服务中心，可列入省区域支柱产业重大科技攻关专项，市、县给予经费配套，面向全国进行联合招标。这些课题的成果和知识产权归区域科技创新服务中心所有。对与市县联合创办区域科技创新服务中心的科研院所，政府可给予必要的事业费支持。

（二）要下大力气进一步推进孵化器建设

浙江省的孵化器办了不少，孵化面积已达到 42 万平方米，现在关键是要进一步提高孵化水平。高新园区都要建立孵化器，尚没有建成的要抓紧建设。已经建立孵化器的，要把重点放到整合资源、完善功能、深化改革、创新机制、培育品牌上来，不断吸引高新技术成果、项目、初创型企业入驻孵化。要积极探索多形式、多元投资主体的孵化器建设，鼓励和支持大学、科研院所、企业和民间创办综合性的或专业性的孵化器。要加强各类孵化器资源的共享和整合，以形成孵化网络。孵化器建设虽然在某种程度上具有一定的公益性，要尊重科技发展自身规律，但也要按照市场经济的原则，讲投入与产出。要高度提供孵化空间、物业管理，更要进一步完善基础设施和服务条件建设，不仅要提供孵化空间、物业管理，更要进一步完善技术支撑、人员培训、科技中介、投资融资、咨询服务等软件环境。要坚持按市场化要求，积极通过企业化或模拟企业化的运作，深化孵化器自身的内部改革。要培育创新创业文化，提高服务水平，主动出击"招才引智"，形成孵化器自我发展能、循环机制。

第三节　浙江省科技园区支持科技型小微企业中介服务

科技型小微企业是高新技术产业发展的基础，是一个国家或者地区经济竞争力的源泉。科技型小微企业的成长离不开科技园区的支持，特别是科技园区所提供的中介服务的支持。科技园区内的中介服务，既包含了科技园区本身提供的中介服务，也包含了科技园区内的中介机构所提供的服务内容。科技园区提供的中介服务是科技型小微企业对接企业家及创业导师资源、资本、技术及市场资源的一座桥梁，能有效减少企业交易成本、降低科技创新研发风险、加快科技成果产业化进程。

一、科技园区中介服务内容及其作用

（一）科技园区中介服务的内容

1. 基础的信息咨询服务

科技园区的基础服务，是指满足科技型小微企业日常经营与管理需求的各项服务内容，具体包括：①信息服务，是指科技园区根据科技型小微企业需求，在经济、科技、政策、要素市场、人才等方面提供相关的信息服务。②咨询服务，是指科技园区为企业提供的关于科学技术、经营管理、政策条款等的咨询与顾问等方面的服务。③培训服务，是指科技园区中介机构为企业提供的技术、管理等方面的教育辅助服务。

2. 专业化服务

专业化服务，是指满足科技型小微企业创新活动顺利推进，提高科技创新活动效率的服务，具体包括：①技术服务，主要是指科技园区为科技型小微企业导入适用的先进技术，并提供一系列技术辅助的服务，例如关键技术的开发、推广，以及产品检测、中间试验等。②特定性服务，是指根据不同的科技型小微企业的需求，科技园区对其提供的市场开拓、融资贷款、人才引进、产权交易、展览推销等特定性的服务。③决策服务，是指科技园区为企业提供的上市、战略开发等与决策相关的服务。

3. 高端服务

高端服务，是指科技园区为科技型小微企业提供良好的外部软硬件环境、降低经营风险、营造健康的创业环境的服务。科技园区开始为科技型小微企业提供高端服务是科技园区发展进入成熟阶段的标志。科技园区提供的高端服务主要包括：①为科技型小微企业提供企业家资源，为科技型小微企业创业提供指导。成功的企业家拥有丰富的创业成功或者失败的经验，科技园区可以聘请成功的企业家为科技型小微企业提供创新性的企业经营和管理的理念、企业发展思路等。②为科技型小微企业提供孵化服务。科技园区可以凭借自身的条件与优势为科技型小微企业提供"一条龙"服务，包括提供经营场地、帮助管理与经营、提供"种子基金"等。

（二）中介服务支持的作用

1. 降低交易成本

中介服务机构是科技园区、企业、大学、科研机构与市场沟通信息的桥梁。它比企业更容易获得政府的相关信息，也比政府和科技园区更了解企业的诉求和难处。它在降低信息获取成本的同时也能明显增强获得信息的有效性。

2. 促进科技创新活动

中介服务机构掌握的信息量巨大，拥有强大的资源库，即有能力去整合市场的资源并有效配置，促进科技创新活动的开展。

3. 规范技术创新过程

中介服务机构在技术创新活动中担当监督者和引导者的角色，既可以保证科技型小微企业技术创新活动合法、有序地进行并追求利益最大化，也可以为科技型小微企业提供各类专业服务，帮助企业正确决策，保证技术创新活动顺利进行。

二、浙江省科技园区支持科技型小微企业成长的中介服务问题

（一）中介机构种类单一

成熟完善的中介服务机构体系应能够覆盖科技型小微企业生产经营的各个环

节，保证企业科技创新活动的正常进行，具体包括信息咨询服务机构，成果转化推广服务机构，技术服务机构，投融资服务机构，科技人才服务机构，财税、法律及知识产权机构，各类孵化器等七大类服务机构。科技型小微企业可以根据自身的需求，选择不同种类的中介服务机构寻求特定的服务，以有效地提高企业效率和竞争力。

根据调查，有7.03%的被调查企业认为，部门科技园区内的中介机构种类单一，不足以满足科技型小微企业的需求。造成这一问题的主要原因有：①中介服务机构经营水平不高。国内中介服务产业起步晚，经营水平不高，服务投入产出率低，现有的能力只能提供单一的基础服务。②缺乏高素质的从业人员支撑开展各项服务。专业化、特定性、决策性的服务需要高素质的人员匹配，此类人才的缺乏制约了相关服务的开展。

（二）中介服务机构数量严重不足

一定数量的中介机构可以及时、高效地为科技型小微企业提供创新，为创业管理提供支持。科技型小微企业得到帮助的程度与中介机构的数量息息相关。

根据调查，9.37%的科技型小微企业认为科技园区中介机构数量偏少，中介机构服务能力无法满足企业需求。

造成该问题的主要原因是：①单个科技园区市场容量较小，对中介机构缺乏足够的吸引力。②中介服务行业进入门槛高。进入门槛主要体现在人才、信息和专业服务能力等方面。③中介服务产业缺乏竞争性。科技园区内部分政府部门会对中介服务机构进行行政干预，造成了不平等竞争，使中介服务行业缺乏竞争力。

（三）中介服务机构缺乏整合资源能力

中介服务机构是科技园区、科技型小微企业、大学等科研机构、政府与市场间沟通的桥梁，中介服务机构拥有相关信息和资源。如果中介服务机构能够整合并共享各类信息资源，就能降低各主体获取信息的成本，充分发挥信息的及时性、价值性，为企业提供更充分、更高效的创新条件。根据调查，只有13.28%的科技型小微企业认为科技园区帮助企业整合了人才、资金、科研院所、大学等技术创新资源。

产生这一结果的主要原因有两个：一是中介机构共享信息的难度大。现存的公共信息资源大部分由官方中介机构和政府独占，导致大部分中介机构获取信息、处理信息的能力低下。二是缺乏共享平台。由于没有整合资源的平台与渠道，无法顺畅地将信息共享给各个主体，制约了中介服务支持产业发展的能力。

(四) 中介服务组织提供的委托—代理服务缺乏

詹森（Jensen）和梅克林（Meckling）将"委托—代理"关系定义为："契约下，一个人或一些人（委托人）授权另一个人（代理人）为实现委托人的效用目标最大化而从事的某种活动。"科技园区提供的委托—代理服务内容多种多样，包括委托企业将大学等科研机构的科研结果"成品化"，以及代理企业的上市决策、管理决策、专利申请等一系列委托事项等。委托—代理服务能够提高科学技术"成果化"的效率以及能有效降低科技创新的风险。根据调查，有 8.59% 的科技型小微企业认为科技园区并未有效地给其提供委托—代理服务。浙江省科技园区内的科技型小微企业只有少数获得科技园区委托—代理服务。

出现这一问题的主要原因是：①中介服务机构从业人员素质和能力不高。具有较高的学历、较强的综合业务能力、决策能力和风险意识的专业人才不足，导致了科技园区委托—代理服务发展滞后。②风险分担机制和激励机制缺乏。委托—代理服务中存在信息不对称的情况，委托方（大多为企业）不了解中介服务机构的努力程度，代理方（大多为中介服务机构）不完全知晓企业的实际运营情况和管理情况，增加了委托代理服务的风险，也考验了双方的诚信程度。

三、对策与建议

(一) 降低中介服务产业门槛，构建多样化中介服务体系

为了改变目前浙江省科技园区内的中介服务机构数量少、种类单一的问题，政府应减少官方性质的中介机构，鼓励营利性机构入驻，提倡开展多样化、全面化的服务，从而满足科技型小微企业各方面的需求。

①减少官方性质的中介机构数量。首先，按照顺应市场发展的要求，政府应逐渐地把事务性、服务性的职能从行政职能中分离出来，控制官方中介机构比例，支持市场化中介机构的发展。②鼓励营利性中介服务机构的进入。将中介服务行业的准入制度透明化、公开化、规范化，鼓励营利性中介服务机构进驻科技园区。③提

倡开展多样化服务。为了弥补国内中介服务产业起步晚、经营水平相对落后的问题，可以引入发达成熟的外资中介机构。

一方面，浙江省科技园区可以吸引国外知名中介服务机构入驻园区，开展国内业务，提升园区服务水平；另一方面，也可以设立重大科研项目，建设一批国际科技合作基地，逐步提升中介机构的国际竞争力。

（二）构建信息与数据库平台，实现信息共享

信息和数据库是科技中介机构之间、科技中介机构与政府之间、科技供需方之间的信息交流平台，是科技中介服务与资源整合的基础。同时，建立信息与数据的共享平台是实现信息共享的基础，有利于整合中介服务机构的现有资源，实现资源的合理化配置，推动科技园区技术创新活动的开展。

①打破政府的公共信息垄断，建立信息数据库。信息科技的掌握是科技型小微企业与中介服务机构发展的基础，政府可以以自身掌握的信息为基础建立相关的数据库，对科技型小微企业以及中介服务机构有偿开放。②建立相关规范制度。信息的传播、共享和使用离不开规范、监督和引导。政府要做监督者，建立相关的规范制度，规范信息市场的竞争秩序，帮助建立公开化、健康化和规范化的信息共享体系，促进信息共享市场的健康发展。③构建联盟网络，创建信息共享平台。浙江省拥有强大的科研能力支撑，园区可以整合浙江省内的著名大学资源，聚集相关产业，建立完整的联盟网络。一方面，可以实现资源的共享，降低各个主体获取信息的成本，提升各主体获取信息的效率；另一方面，可以创造创新活动的机会，使企业获得更多的机会与大学、科研机构以及其他企业合作，为创新活动提供机遇。

（三）加强人才队伍建设，提高从业人员素质

人才是企业发展的核心竞争力，提高中介服务产业从业人员的基本素质可以间接提高中介服务机构的服务水平，是中介服务机构开展具有专业性、决策性、战略性等高端服务的保障。

①建立严格的准入和考核制度。政府对于中介服务机构从业人员的资格认证，要制定严格的市场准入制度和考察制度，要让相关部门定期对其进行严格的审查考核，以保证进入中介服务产业的人员的素质和质量。②招聘高素质人才。中介服务机构可以多渠道地面向社会进行招聘，吸引高素质人才。同时，政府应积极制定人

才激励机制，也可调动从业人员的积极性和创造性，例如，由政府牵头，中介服务机构与高校等签订战略联盟协议，由大学向中介服务机构输送优秀毕业生，中介机构帮助高校进行科研成果"产品化"。美国硅谷就始终坚持大学、科研机构与企业的相互依赖、有机结合和高效合作。③培训现有的从业人员。对现有的从业人员进行素质服务培训，从而提升园区中介服务行业的整体素质。科技园区可以定期举办沙龙活动，增进各机构之间的交流，不仅可以给园区内企业创造机会，也可以帮助园区与其他园区及社会外界建立良好的关系，同时也对从业人员的专业技能有所提升。

（四）建立合理的风险分担机制和激励政策

建立合理的风险分担机制，可以规避经济活动带来的某些风险，例如委托—代理活动可以保障委托—代理双方的利益，尽量减少"逆向选择"和"道德风险"带来的损失。建立合理的激励政策可以通过一定的手段对中介机构的服务水平等进行有效刺激，从而提高中介服务机构的服务水平，提升中介服务行业的竞争力。

①建立合理的风险分担机制。在委托—代理服务中，由于委托方和代理方存在信息不对等的情况，导致该项活动风险大，科技园区应引导中介服务机构与科技型小微企业建立合理的风险和利润分担机制。事先规定委托代理双方承担的风险程度，以及特殊情况下双方失信的处理法则等，合理规避风险，创造良好健康的合作环境。②建立合理的激励政策。政府应制定相关激励政策或给予相关服务补贴，刺激中介服务行业的积极性。对于某些高端服务的开展，例如扶持科技型小微企业上市、实现科技创新成果的转化等给予奖励。

第四节 从集群网络位置看科技中介分类：以浙江省为例

目前，理论界虽然对科技中介的功能和作用机制进行了较为系统的研究，但科技中介的基本网络属性未得到充分重视，从网络角度解释科技中介作用机制的研究十分罕见。另外，对科技中介的分类研究大多停留于服务内容、转化过程等相对宏观的特征维度，对科技中介自身性质等微观角度鲜有涉及。因此，本文以科技中介自身网络位置为依据，对其进行归纳。

一、网络位置衡量维度

网络位置是指结点在网络中与其他行动者建立相互关系的集合。由于结点与外界的互动依赖于这些关系而展开，因此网络位置反映了结点在网络内从外部环境获取信息、技术等资源的能力，是网络地位的重要体现，甚至结点的行为绩效也可以看成是其在关系网络中所处位置的函数。描述网络位置的方法和变量存在多种形式，目前学术界较为认同并广泛使用的是用中心度和结构洞两个指标。

（一）中心度

中心度是指以结点与其他网络行动者的联结数为基础，考察个体是否处于网络核心位置的变量。在集群网络中，中心度高，中心度意味着大量拥有与其他结点的关系联结，因此中心度能直接影响个体所获信息的数量和质量，从而体现信息优势。科技中介以促进网络内相对独立结点间的资源流动与交换为目的。第一，充分的信息优势将有助于科技中介扩展搜索范围，提升有效信息的可获得性，有利于实现供需配对，发挥"黏合"作用。第二，信息在传播过程中会不可避免地出现衰减及失真现象，拥有多种信息渠道和信息源的科技中介机构可以通过对不同源信息进行对比，评估信息的可靠性，从而提升中介活动的效率。第三，在技术加速变化的环境下，单个企业往往无法维持多种广泛的能力，互补性知识或技能将成为提升研发效率的重要内容。处于网络中心的科技中介由于掌握大量信息，可以迅速发现和接近正在进行有前景创新活动的企业，吸引其他结点主动与该企业联结，因而具有较高的网络地位。因此，科技中介的中心度越高，表明科技中介在网络中的合作伙伴数量越多，所掌握的信息越丰富，"黏合"潜力也越强。

（二）结构洞

结构洞是指网络中某个体与其他个体发生联系，但其他个体之间因缺乏直接联系而造成关系间断。结构洞与中心度的最大区别在于，中心度强调被观察结点的联结关系属性，而结构洞更为关注与被观察结点相联系的其他结点之间的关系。因此，在一定程度上，结构洞扮演的正是中介的角色。在集群网络中，任何结点都无法与其他所有结点发生联结关系，因此结构洞普遍存在。科技中介占据的结构洞越多，说明其对不同个体间的桥接作用越明显，为相对细碎的网络提供了较多的资源交流渠道，对集群创新活动的实际贡献越明显。此外，群体内的观念较群体间的观念更具同质性，因此，占据不同群体间结构洞的科技中介能够获得更为多元的异质性信息，从而更易于发现环境中潜在的新机会。与高中心度所拥有的信息丰富程度相比，结构洞能够区隔出非冗余信息；也就是说，结构洞能为结点带来有效信息的增加，同时避免简单重叠。除此之外，占据结构洞的科技中介将原本独立的结点相连接，使科技中介处于信息交汇的关键位置，从而实现对所流经信息资源流向和收益的支配和控制，这对网络创新的速度和频率有重大推动作用，因此该科技中介具有较高的网络地位。科技中介占据的结构洞越多，表明其对网络的桥接作用越明显，控制的非冗余信息越具有优势，"黏合"质量也越高。

二、基于网络位置的科技中介类型划分

按照前述分析，以中心度及其占据的结构洞为基本测量维度，可以将中介机构分为四类。

（一）基本型

此类型的中心度及其占据的结构洞的位置均较高，是集群网络中科技中介的理想形态。该类科技中介在集群中具有较高的知名度，往往与龙头企业和知名科研院所保持着稳定的合作关系，并向集群中小企业提供诸如技术咨询、产品测试等各类中介服务。该类科技中介是集群内各类科技资源的聚合点，能够准确、有效地向企业提供技术信息，为供需双方牵线搭桥，是集群创新系统的重要组成部分。

（二）冗余型

此类型中介机构的中心度较高，但缺乏结构洞，是集群网络中科技中介效率低下的一种形态。该类科技中介与集群中的部分企业保持着一定联系，与其联系的企业之间也存在着相对稳定的联结关系，在资源交换、信息交流方面，可以绕过科技中介直接进行，造成了科技中介的相对多余。该类科技中介通过较高中心度获得的大量信息的同时也被周围企业所掌握。换而言之，该类科技中介中存在着大量冗余信息，在一定程度上造成了集群创新资源的浪费。

（三）边缘型

此类型中介机构的中心度及占据的结构洞均较低，是集群中科技中介效率低下的另一种形态。该类科技中介在集群中默默无闻，业务扩展欠缺，只与集群中的极少部分企业存在业务关系，往往处于网络边缘。该类科技中介掌握的信息和传播渠道均受到限制，无法形成独特的信息优势，缺乏构建独立结点间联系的基本要素，对集群创新系统的贡献十分有限。

（四）桥接型

此类型中介机构的中心度较低但占据的结构洞较多，是集群网络中科技中介的特殊形态，往往存在于较为细碎的集群网络中。该类科技中介一般与少部分龙头企业保持联系，这些龙头企业一方面与其他中小企业存在较多的业务联系，另一方面与同类型其他龙头企业处于相对独立的状态并形成网络式的派系结构，从而使得此类科技中介成为派系之间的"桥梁"。该类科技中介虽然没有与大量企业建立信息交流渠道，但掌握着不同派系间的异质性资源，是促成集群创新系统资源流动的关键结点。

参考文献

[1] 席酉民. 企业外部环境分析 [M]. 北京：高等教育出版社，2001.

[2] 陈昌曙. 自然辩证法概论新编 [M]. 沈阳：东北大学出版社，2001.

[3] [英] R. 库姆斯，P. 沃尔什. 技术进步与经济理论 [M]. 钟学义，等，译. 北京：经济科学出版社，1989.

[4] [德] 柯武刚，史漫飞. 制度经济学 [M]. 北京：商务印书馆，2000.

[5] 张景安. 中国科技企业孵化器 [M]. 北京：科学技术文献出版社，2001.

[6] 马洪. 中国市场发展报告 [R]. 北京：中国发展出版社，2002.

[7] 张国安. 西方发达国家科技中介服务模式对我国的启示 [J]. 科技法制与政策研究，2006，1 (12)：24 – 26.

[8] 林忠，金延平. 人力资源管理 [M]. 大连：东北财经大学出版社，2006.

[9] 邹再华. 现代组织管理学 [M]. 长沙：湖南人民出版社，1988.

[10] 骆光林. 浙江省科技中介服务体系的现状和发展思路 [J]. 科研管理，2008，29 (3)：145 – 151.

[11] 杜长征，杨磊. 技术创新、技术进步与技术扩散概念研究 [J]. 经济师，2002 (3)：43 – 44.

[12] 过聚荣. 生产力促进中心在科技发展中的制约因素及对策探讨 [J]. 生产力研究，2002 (6)：74 – 75.

[13] 逄艳红，淑杰. 企业孵化器：高新技术产业化的解决途径 [J]. 企业改革与管理，2002 (4)：10 – 11.

[14] 黄晓军. 社会中介组织发展中的政府角色定位 [J]. 党政论坛，2002 (9)：34 – 35.

[15] 刘学. 技术交易的特征与技术市场研究 [J]. 中国软科学，2000 (3)：62 – 67.

[16] 钟鸣. 日本科技中介机构的运营机制 [J]. 全球科技经济瞭望，2001 (11)：52 – 53.

[17] 余晓. 英国的科技中介服务机构 [J]. 全球科技经济瞭望，2001 (11)：50 – 50.

[18] 李恒光. 发展社会中介组织推进政府行政改革 [J]. 理论与改革，2002 (3)：107 – 110.

[19] 宋发达，等. 充分发挥行业协会的市场中介组织作用 [J]. 杭州商学院学报，1994 (6)：61 – 71.

[20] 姚小霞. 国外行业协会发展特点及其启示 [J]. 世界经济与政治论坛，2002 (5)：26 – 28.